My Fabric Style

My Fabric Style

因爲手作，開始美好！

こうの早苗的幸福日和

美麗職人的拼布・手作服・布小物Good ideas

每當遇見了喜歡的顏色或花布時，就會馬上想要把它作成什麼——作衣服、還是作成拼布包呢？嗯……我想還是拼布被吧！

完全沒辦法靜下來的天性使然，讓我覺得如果沒有作點什麼，就會有壓力。生活少了手作，反而會有壓力，我就是這麼喜歡它。

我會將浮現在腦海裡的東西先開始動手作作看。手在動的過程裡，腦海裡會浮現出更多的靈感，連續不斷的樂趣就此展開。

開始過著這樣的生活方式，是從40年前開始。

把作品從「為了製作」，到「為了使用」「為了穿著」，我可以感覺得到，在我自己的意識裡一點一滴的在改變。

雖然市面上已有許多可以簡單入手的漂亮衣服及小物，但是，敢於面對自己動手作的一個又一個繁瑣工序，並且毫無理由的花費那麼多時間去動手作，我想這就是手作魅力的箇中醍醐味。

這次，我將「現在」的想法，透過作品的形象化，希望可以將手作更加融入生活裡，為了讓大家更能享受手作生活的樂趣，我也試著接觸一些對於衣著上的使用方式及穿搭。

倘若書裡介紹的物品，讓大家在衣服及小物製作上有所幫助，我將會感到無比榮幸。

こうの早苗

Contents

Chapter **1**

配合生活方式所製作的
日 常 生 活 包

手作包的樂趣在於——
「去某個地方的時候想要背它！」
「穿某件衣服的時候想要搭配它！」
「想要將它作成可以放入某件工具的大小！」⋯⋯
這樣的心願，全部都可以實現，
配合自己的生活方式所製作出來的手作包，格外的令人開心愉快。

「 上健身房穿的鞋子，
想要把它們立著放入！」
聽見自己心底的聲音，
就這樣決定了包包的高度。

亮麗吸睛的關鍵在於紅色。布材的花樣或
是小小的刺繡裡，不經意的投入一點點紅
色，就會顯得非常時髦。讓線條圖案當主
角，營造出輕巧活潑的印象，使用灰色及
米色系組合，不管是任何衣服都非常容易
搭配。

作法 ▶ P.37

1
健身房專用背包

6

2
寶特瓶置物包

上／將鞋子立著放，就成為可以放很多東西的大容量包。開口很寬闊底部也縫製的很紮實，將鞋子平放在底下也很OK。
下／把手的內側，縫上包包配布的布材裝飾。

將零碼布混搭在一起，搭配成一整套可以帶著走的設計。

從健身房的置物櫃房間到訓練房，可以非常方便帶著走的放寶特瓶用的包，紅色的刺繡美麗又吸睛！

作法 ▶ P.*57*

對著自己的衣櫃俏皮的扮個鬼臉，
選一件適合搭配衣服的布材吧！
也把機能性納入考量，製作自己想要的包，
完成後馬上就可以使用，
每一天都開心又自在！

3
簡易外出背包

作成兩面都可以使用的包，
與自己喜愛的衣服可以互相搭配，
樂趣也增加成為兩倍。

小巧玲瓏的包包，是去參加午餐約會，簡單
攜帶出門時貴重的寶貝。素色款（上圖）配
上花色的連身裙，展現古典風。花色款（下
圖）配上素的裙子或是褲裝的風格都很適
合。

作法 ▶ P.51

服裝的穿搭也需考慮，
不要變得太過花俏，
將素色布材當成是主角，
點綴一點珍藏的花樣布。

主角的包包裡面裝不下的隨身行李，那就交給
非常便利的備用包，為了摺起來隨時可以帶著
走，使用柔軟輕巧的棉麻布材。

作法 ▶ P.54

4
備用包

比起只用一塊布材縫製，
我更喜歡配上一點點
寶貴珍藏的布材。
不僅令人想要攜帶，
心情也更加愉快。

自然的裝扮是大多數出門散步的形象，
若拿了一個稍稍帶有花俏色彩的拼布包，
就會變身成為時髦的寵物飼主。

與喜愛的狗狗一起散步是件非常療癒的事情，帶著親手
縫製的包包，裡面放著一些零食、水還有寵物墊，開心
出門。在包包的兩側旁車縫上口袋更加方便。

作法 ▶ P.53

5
狗狗散步用包

將手作拼布包巧妙的
帶進流行服飾裡。

將剛剛作好的拼布包馬上帶到上課的教室。雖
說趕快想被誰發現的興奮心情不可言喻，但也
必須考量到穿搭合不合適。例如，主角是搶眼
亮麗的綠色系拼布包，那就穿插一條紅色的領
巾，輕巧的圍繞在脖子上吧！

作法 ▶ *P.50*

作法 ▶ *P.50*

6
上課學習用包

考量到服裝穿搭配置的問題，
精心計算略少比例的花色布材，
反而顯得穠纖合度剛剛好。

上／內側部分的裡布使用拼接布片
中最喜歡的布材。
下／主角的綠色布材分量故意用少
一些，更顯現出其吸引人的魅力。

Chapter 2

自己「想要穿」的
洋裁

從布料的選擇開始決定樣式設計，
想像著是活潑好動的自己？還是優雅高貴的自己？
生活的演出不就是這麼美好嗎？
挑戰意外發現的顏色或樣式設計，
去發覺嶄新的自己，
這也是裁縫的一種樂趣所在。

前後身片有兩條以上接縫的褶子線，
稱之為「公主線」。
襯托出女性身體線條的曼妙秀麗。

為了享受穿著得宜的演出，選擇了黑色。
想要演出優雅氣質的時候，繫上一條腰帶，
想要營造輕鬆休閒的時候，
配上扁平的包鞋及短襪。
再搭上色彩鮮明的針織罩衫，顯得神采奕奕。

作法 ▶ P.72

7
無袖連身裙

14

可以展現出優雅氣質，
又能修飾身形，
這樣的設計一直都是我夢寐以求的。

8

七分袖
連身裙

巧妙的露出手腕
更能添加女性的嫵媚
絕妙的長度在於七分袖，
花樣布材更加襯托出高雅氣質。

左頁的連身裙加上了七分袖。
雖然樣式單調，但是搭配上花樣布材
立刻顯得雍容華貴。

作法 ▶ P.73

感覺素色布材
有點單調的時候，
花朵圖案就是你的救星。

只是將前身片、後身片接合起來，
超簡單的樣式。
如果想要把它當成T恤穿，
我建議還是要選擇可以耐洗的布材。

作法 ▶ P.74

9

連肩袖罩衫

10

波浪袖罩衫&
髮帶

因為是女生
穿上花朵圖案的衣服，
就覺得心情愉快，
讓人一整天都開心！

作一些與衣服同花色，
配成整套的裝飾小物，
不管是製作時或使用上
都多了一份樂趣。

左頁的罩衫只是稍稍的加上波浪袖，
即刻變身成為氣質優雅兼具奢華感的設計！
將零碼布作成髮帶吧！

作法 ▶ P.75（罩衫）

　　　P.79（髮帶）

11
寬鬆手作服

偶爾也想要
將心愛的花色布材，
毫無忌憚地盡情揮灑！

只是將P.16的罩衫加上長度，
立刻變身成為連身裙。
加寬的衣袖線條，若隱若現的
展露出輕柔甜美的氣氛。
披上素色前開式毛衣，吸引大
眾的目光集於一身，使得花色
布材看起來更清爽，這就是穿
著得宜的重點所在。

作法 ▶ P.76

同一個紙型會隨著不同的工序，
因而衍生出全然不同的單品，
這就是裁縫的精彩之處。

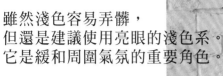

雖然淺色容易弄髒，
但還是建議使用亮眼的淺色系。
它是緩和周圍氣氛的重要角色。

挑戰改造一下左頁的連身裙，
變身成為廚房專用裝。
希望看起來像個料理達人、掃除達人的幹練女性。

作法 ▶ *P.* **77**

上／為了不讓衣服的袖子打擾到
作業，在袖口使用鬆緊帶，口袋
是完成後車縫上去的。
下／身後是製作成為可以扣上鈕
子的設計。

13

緊身裙

考量到機能性，製作完成時
將腰際往上提一些，
穿著起來會更加舒適。

要加上口袋又要車上內裡布，製作上較為困
難。但腰帶是使用鬆緊帶，穿著時的舒適程
度，無庸置疑是滿分。樣式簡潔的下身衣
著，搭配色彩明亮的上身衣著，為時髦程度
加分。

作法 ▶ P.78

以「不浪費的精神」
即使是小到不能再小的布片，
在最後的最後也要把它用完，
這就是我對手作的態度──物盡其用。

14 帽子
作法 ▶ P.64

15 玫瑰花包
作法 ▶ P.65

16 胸花
作法 ▶ P.79

我會將手作包及作衣服剩下的布材，搭配在一起作成小物。不但可以穿搭上也使用方便，又可以好好享受「賺到」的滋味。

本書介紹的帽子（上），為了使頭圍可以視自己的尺寸調節，下了一點小小的功夫。布材是使用製作P.14的無袖連身裙時，多買的黑色亞麻布相同的布材製作而成。搭配P.20的裙子戴也非常適合，黑色的帽子適合各類衣服的穿著搭配，可以說是非常重要的壓箱寶。製作這件連身裙時所留下的零碼布，剛剛好作成黑色的胸花（右下）。P.18的連身裙所剩下的布材，也作成了相同花色的胸花。布材不一樣，可說是加倍歡樂。縫上亮晶晶的串珠更顯出其奢華感。隨身攜帶的小配件，在日常生活穿搭上可以發揮作用，這也是平常搭配衣服所期待的樂趣之一。隨著當天出門的心情戴上帽子試試看，也很不錯吧！

左下角的包包，是與P.6、P.11所製作的包相同花色布料。將非常喜愛的布材絲毫不剩的用完，這樣就可以體驗將手作發揮得淋漓盡致的快感。

Chapter *3*

使用喜愛的布材縫製
包包&拼布

不管如何，我就是喜歡裁縫。
在細小的針尖上集中了所有的精神，刺刺刺刺……。
只要拿著針，無論是經過多久的時間都可以繼續縫製，這已經變成了我
的特殊技能。細心地將一片又一片縫接在一起，作拼布與包包時，
對我來說是最能靜下心來放鬆自己的愉悅時光。

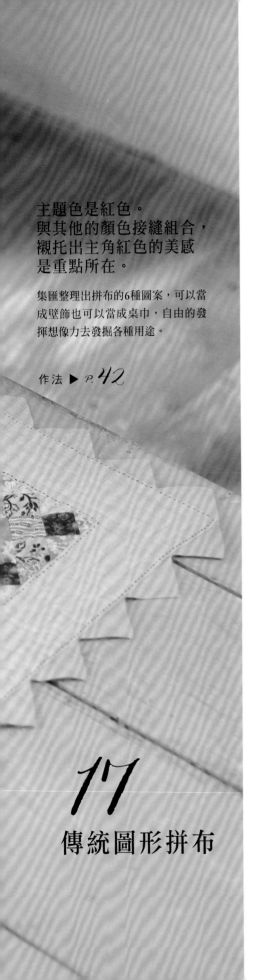

主題色是紅色。
與其他的顏色接縫組合，
襯托出主角紅色的美感
是重點所在。

集匯整理出拼布的6種圖案，可以當
成壁飾也可以當成桌巾，自由的發
揮想像力去發掘各種用途。

作法 ▶ P.42

17
傳統圖形拼布

結合藍色與茶色系的布材，
襯托出主角的紅色。

個別的圖案分別車縫不同的壓
線線條，可以享受圖案線條完
成後各有特色的魅力。

在製作家飾小物的時候，
配合房間的氣氛，
最初就要先決定
主題顏色。

使用刺繡與邊緣點綴布
加強重點裝飾。

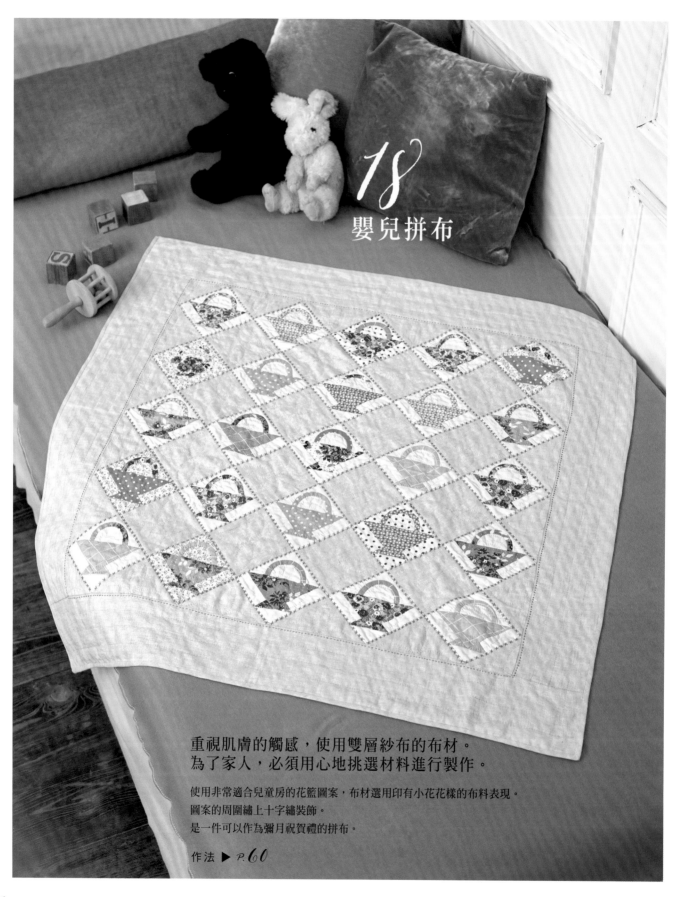

18

嬰兒拼布

重視肌膚的觸感，使用雙層紗布的布材。
為了家人，必須用心地挑選材料進行製作。

使用非常適合兒童房的花籃圖案，布材選用印有小花花樣的布料表現。
圖案的周圍繡上十字繡裝飾。
是一件可以作為彌月祝賀禮的拼布。

作法 ▶ *P.60*

19
十字繡

開心地製作著，
不知不覺就接縫起來的成品。
隨著接縫起來的尺寸，
可以當成是桌巾或者是沙發套……

沒有使用鋪棉，
只有以觸縫到裡布的方式繡上十字繡。
周圍繡上蕾絲花邊的模樣，
展現出優雅氣質。

作法 ▶ P.62

傳統拼布的圖案雖說怎麼選都很可愛，
但想像著要放在什麼場所，
要給誰用？思考的過程也是樂趣之一。

想像著在購物時提著大包小包的身影，
有點惱！
所以就作了一個可以容納所有東西的大包。

六角形的布片配合拼布主體的線條排列成花朵圖案，
底部作成橢圓形增添了幾分甜美可愛。
大方添加素色布材，營造出簡單俐落的風格。
就算是休閒便裝也能輕鬆隨性地帶著走。

作法 ▶ P. 56

20
購物包

21
3WAY包

想要當成手拿包、肩背包、手提包，
都可以隨著當天出門的心情
或裝扮任意改變。

將包包對摺手掌穿過手把，搖身一變手拿
包。營造出成熟嫵媚的氣氛（上）。扣上
一條肩背帶，當成肩背包也可以使用，兩
手都可以空出來非常方便（左下）。當成
手提包是連A4尺寸都可以放得下的大容量
（右下）。

作法 ▶ *P.55*

上／前側的外口袋部分是以各式各樣四角形的小布片縫合而成的。
不經意的縫上金屬釦展現出時髦風格。
左下／內側不但有可以放6張卡片的口袋，還有很多車票和發票或小筆記本
都可以放得下的口袋。
右下／後側的布材大膽的配置上喜歡的花色。無庸置疑的選擇了與前側相
互呼應的布材。

22
六個口袋的小包包

在無止盡的出差生活裡，
腦海裡浮現的是這款包包的設計。
現在的我，如果沒有這款包，
就無法出門旅行！

想像著去旅行的目的地、出門的穿著打扮還有
旅行箱，主題顏色決定是藍綠色。運用珍藏的
布材及零碼布，從中選取適合的材料，這些工
作也很值得細細玩味。

作法 ▶ P.58

往返工作室及住宅總是帶著大包小包的物品。
「啊！又忘了……」為了不再使這種狀況發生，
能夠將全部的東西都塞得進包包裡的尺寸，是最理想的。

常常往副駕駛座的位置上隨手一丟，所以又被稱為「駕駛
包」。不論是它大大的開口，在等候信號燈的時候，往旁邊一瞄
就可以清楚看見內容物的能見度，還是它想要用到的東西馬上就
可以掏出來的深度，都是我極力推崇的包款。

作法 ▶ P.63

23
大容量實用包

特別想要將它當成裝飾品的小物包，
想像一下在搭配使用上的便利性，
所以小配件也要特別的講究。

24
眼鏡袋

掛在脖子上，不管是何時何地，
都能隨時取用的眼鏡袋，
對我現在來說是生活必需品。

搭配P.14的連身裙使用格外顯得相得益彰，亮晶晶
的編織鍊條與串珠十分搭配。花籃圖案的部分增添
一點襯托的紅色。

作法 ▶ *P.66*

25
手機袋

包包裡經常找不到的行動電話，為了
它作一個尺寸大小剛剛好，帶出門也
很方便的手機袋，對現代人來說也是
生活必需品。

可以收納在大包包裡，也可以當成裝飾品掛在身上，
或者肩帶也可以取下來的多用途功能包。

作法 ▶ *P.67*

要將牛奶盒丟掉前，請先等一下！
說不定可以變身成其他物品。
發揮「不浪費的精神」，讓可以再利用的回收物品大變身吧！

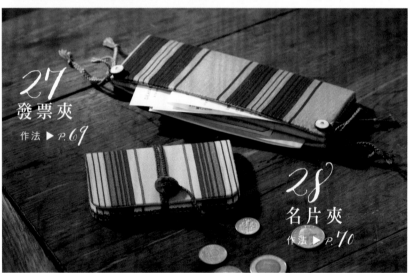

26 花形托盤
作法 ▶ P.68

27 發票夾
作法 ▶ P.69

28 名片夾
作法 ▶ P.70

我一直都會將筆記本及筆帶在身邊，無論是等飛機的時間，或在工作室作業的時候，如果突然有什麼靈感，馬上以紙本記錄下來。這個靈感也是我在日常生活裡，突然浮現在腦海中的一個想法。

「一直都是理所當然的會丟棄的物品，說不定可以將它作成什麼作品吧？」就這樣在日常生活中，將牛奶盒的事情記在心裡頭。

有什麼會用到厚紙板的小物，可以讓牛奶盒從中扮演一個角色呢？

靈機一動設計出花形托盤（上）。試著動手作作看，發現拿來當送人的小禮物也很不錯，頗受好評。「這個辦法可行！」就這樣也設計出了發票夾與名片夾（下）。這個作品是將牛奶盒的折線也利用進去的設計，雖然有點微不足道，但這可是我覺得非常驕傲的設計重點呢！

以日常生活中身邊既有的物品當成素材，創造出可愛的作品，只是這樣小小的發現也令人雀躍不已，忍不住想要分享給更多人。

How to make
製作方法

在英國與法國，有機會欣賞到100年以前最古老的拼布。眾多可愛布材拼縫而成的表布，令人目不轉睛，想像著作者的巧手還有那個時代的時空背景，我彷彿被吸引到那個時空裡，站在哪裡遙望著那件作品。突然之間發現一張一張的紙型還原封不動的藏在每一片拼縫的布塊裡，打從心底感到非常的訝異。「原來從前的人是這樣以一張一張的拼接紙縫合完成作品啊？」這樣的疑問在心底擴散開來，「先動手作看再說！」一秒便開啟了勇於挑戰新鮮事物的自己這個開關模式。到現在還是被使用拼接紙的作法深深吸引。

這一回介紹的拼布小物作法，將會使用一般接縫與使用拼接紙的技巧加以圖解。本書介紹的拼布作品，無論使用哪一種方式技巧完成都無妨，請兩種方式都試作看看，找出適合自己的技巧。

衣服製作的重點在於作好萬全的準備工作。我對於事前的準備工作花費了最多的時間與集中精神。不管是非常精準的裁好留有縫份的布材，還是非常準確的貼上布襯。細心地作好準備工作，得到的豐碩成果就是在車縫的時候會比較輕鬆、也可以非常快速的完成製作、成品也會更精緻美麗。

在製作上若有喜歡的樣式，不妨嘗試各種異材質多作幾件，將手作的各種風格擴展開來，好好的享受箇中樂趣吧！

- 作法圖片與圖解示範的數字單位，若無特別說明就是「cm」
- 完成尺寸、製圖說明都有標記。若因壓線或貼接著襯所引起的縮份，都有可能造成與實際尺寸有所差異的現象。
- 原寸紙型、製圖，若無特別標示，一律不含縫份。
- 材料標示裡不包含線材。請參考P.36、P.37的「線材」說明，自行準備必需的線材。
- 使用縫紉機車縫時，車縫的開端及車縫的結尾基本上都需進行回針縫。

作品製作前的準備

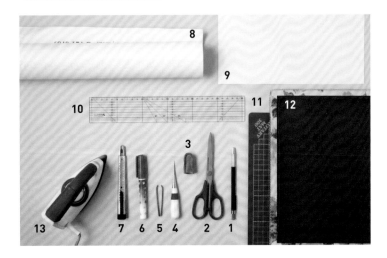

關於工具

包包、拼布等小物製作時必須使用到的工具。
關於裁縫的工具，請參考P.71。

1 鉛筆（2B）或自動工程筆
用於紙型製作或在布材上複寫紙型，拼布壓線時也可以使用。

2 剪刀
布用剪刀（選擇可以剪多層布材更加便利）、剪紙用、剪線用，依照用途的不同分開使用，比較不會受損，增長使用壽命。

3 頂針指套
在壓線時套在慣用手的中指使用。

4 錐子
整理包包的邊角時或是整理成品形狀都非常便利。

5 拔毛器
在拔除疏縫線時使用。

6 布用口紅膠
內襯或布材暫時接著時使用。
有了它使用拼接紙製作時會更加便利。

7 美工刀
裁切紙型或拼接紙的芯時使用。

8 月曆厚的紙張
製作拼接紙的芯。

9 糖果盒厚的紙張
製作紙型時使用。

10 定規尺
製作紙型或畫壓縫線時使用。

11 裁布墊
裁切紙型或布襯時使用。

12 拼布墊
磨光面用於布材作記號，張布面可以當成熨斗台使用。

13 熨斗

※還會使用到描圖紙、透明塑膠板、鎮石、縫紉機……

針

a 珠針 選擇珠頭較小的款式較不會影響製作作業，更方便使用。
b 拼布針 進行壓線時使用。
c 絲針（9號）可當成縫針使用，因為較細，所以使用拼接紙時擔任捲縫的作業，是非常易於使用的針種。
d 疏縫針 因為針足較長，進行疏縫時非常便利。

糸

e 60號車縫線 車縫線及手縫線，基本上會使用與布材相近的顏色。
f 60號手縫線 進行捲針縫、拼縫及壓線時使用的線材。
g 疏縫線 進行疏縫時所使用的線材。

基礎縫法 & 繡法

捲針縫方法請參考P.43

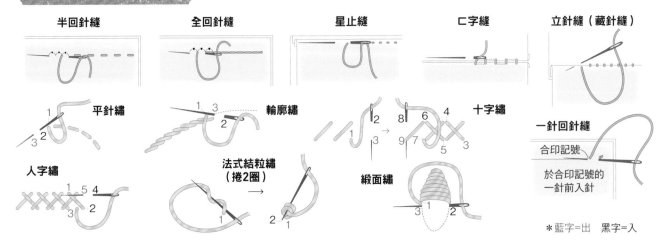

半回針縫　全回針縫　星止縫　ㄈ字縫　立針縫（藏針縫）

平針繡　輪廓繡　十字繡　一針回針縫

合印記號
於合印記號的一針前入針

人字繡　法式結粒繡（捲2圈）　緞面繡

＊藍字＝出　黑字＝入

36

一般拼接技法

1 健身房專用背包

p6

製圖

滾邊布

0.5cm縫線

3 ┤ （駝色）1片

├─────── 110 ───────┤

＊3cm寬的斜紋布接成長條
準備110cm
＊印花圖案5種
＝印花ⓒ至ⓙ

主體 表布（完成接縫）
鋪棉
襯布（素色）
厚接著襯

手把縫合位置

中央

13

4.5

10

（印花圖案ⓕ）落針壓線

ⓐ
（直紋圖案）

0.4 cm
平針繡
（紅色）
2 股

12
32

（印花圖案ⓒ）

ⓑ 5 ⓓ 3 ⓕ （印花圖案ⓒ） 4 ⓚ
9 （印花圖案ⓔ） 8
ⓖ ⓗ ⓙ
ⓔ 7 （印花圖案ⓕ） 9 4 ⓘ 8
3 7 ⓒ 11 9 11 7 8

10

沿著直紋圖案壓線

ⓐ
（直紋圖案）

├──────── 53 ────────┤

主體裡布
（印花圖案）2片

12

26

32

18

內口袋
（印花圖案）
（薄接著襯）
各2片

8

10cm返口

├──────── 53 ────────┤

底部

中央

表布（駝色）
鋪棉
襯布（素色）
（厚接著襯）
裡布（印花圖案）

各1片

中央

斜紋格子壓線

3
3

預留1cm插入口
22cm 蠟繩

├──── 31 ────┤

手把裝飾布
（印花圖案ⓒ）

3 ┤ 2片

├── 11 ──┤

＊布片ⓑ至ⓙ縫份0.7cm、
鋪棉・襯布縫份2cm、
其餘預留1cm縫份後
進行裁剪

● 完成尺寸　長32.7cm　開口寬53cm　底31×22cm
● 作法示範中，為了更淺顯易懂，因此更換縫線的顏色進行說明。

材料

棉布
　直紋圖案…110cm寬　30cm（布片ⓐ）
　素色布…110cm寬　80cm（襯布）
　印花圖案…110cm寬　60cm（主體裡布・底部裡布・內口袋）
麻布　駝色…65×40cm（底部表布・滾邊用斜紋布）
棉布・麻布的印花圖案5種…各適量（布片ⓑ至ⓙ、手把飾布）
鋪棉…120×70cm
厚接著襯…100×70cm（主體・底）
薄接著襯…60×20cm（內口袋）
蠟繩　黑色…粗細0.3cm　120cm
25號繡線　紅色…適量
手把（皮革製）　黑色…3cm寬　長50cm　1組
金屬鈕釦…隨喜好的尺寸10個

1 製作紙型、剪布

1　參考製圖製作布片ⓑ至ⓙ的紙型。布材的背面放上紙型，紙型的四個角以鉛筆作記號。接著將鉛筆斜拿描出四周的輪廓。

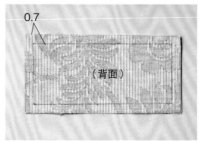

0.7

（背面）

2　預留0.7cm縫份後進行裁剪。依據這樣的要領，印花圖案布片ⓑ至ⓙ五種印花各裁剪2片。

37

2 進行拼縫布片之後 製作表布

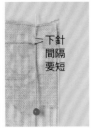

d（背面）

e（正面）

下針
間隔
要短

1 兩片縫合成一個長方形布塊組，製作5組。2片布上下正面相對疊合，下針的順序是：先將角與角的印記對齊，接下來是中央部分、最後是中間的間隔。

始縫結

1針
回針縫

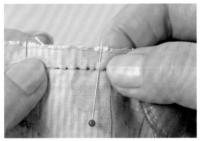

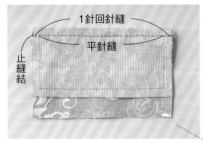

1針回針縫

平針縫

止縫結

2 手縫線的線端處打一個始縫結，於邊端處挑1針將線拉出，繼續相同的位置再挑1針（1針回針縫），直接沿著縫線以較細的針目進行平針縫，縫至另一邊端。最後也進行1針回針縫，打止縫結固定。

d

3 縫份倒向單側（布片ⓓ側），以手指壓出縫線上的摺痕。

（背面）

布塊
ㄓ

4 翻到正面。從正面的縫線地方再壓一次縫份，讓摺痕更明顯。完成布塊ㄓ。

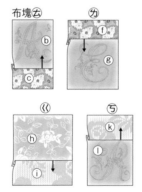

布塊ㄗ
b
c

ㄉ
f
g

ㄍ
h
i

ㄎ
k
l

5 同樣的拼接縫合其餘的布片，完成布塊ㄗ・ㄍ・ㄉ・ㄎ。縫份的倒向請依照箭頭。

ㄓ

ㄗ
L

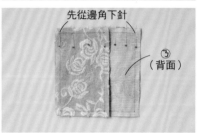

先從邊角下針

ㄓ
（背面）

6 接縫中央的布塊。將布塊ㄓ與布塊ㄉ正面相對疊合，先對齊邊角的記號以珠針固定，接著中央間隔也固定。

縫合

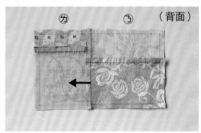

ㄉ
ㄓ
（背面）

7 以邊到邊的縫法縫合，並依據**3**至**4**的要領縫份倒向單側（布塊ㄉ側）。

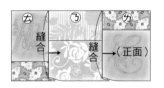

ㄗ
縫合

ㄓ
縫合
（正面）

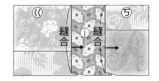

ㄍ
縫合

ㄎ
縫合

8 步驟**7**完成的布塊接縫上布塊ㄎ。接著依照布塊ㄍ、布片ⓙ、布塊ㄎ的順序完成接縫。縫份的倒向請依照箭頭指示。

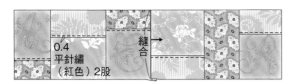

0.4
平針繡
（紅色）2股

縫合

縫合

9 步驟 **8** 完成的2片布進行邊到邊的縫法縫合，縫份的倒向請按照箭頭指示。接著以鉛筆描出繡線條，沿著鉛筆線條進行平針繡，中央的布塊完成。

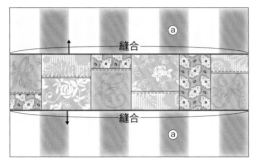

縫合

ⓐ

縫合

ⓐ

10 布片ⓐ側縫份預留1cm，裁剪4片。將中央的布塊上下接縫布片ⓐ，以邊到邊的縫法縫合，縫份倒向布片ⓐ側。表布完成。此布塊製作2塊。

③ 疊放成三層進行疏縫後壓線

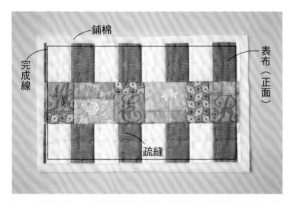

鋪棉

完成線

表布（正面）

疏縫

1 在表布的1cm內側畫出完成線。將襯布打開背面向上，依序疊上鋪棉、表布，並進行疏縫後壓線。首先將各布片進行落針壓線，再沿著直紋布進行壓線（疏縫的方法與壓線的方法請參照P.49）。

1

疏縫

2 鋪棉與襯布預留1cm的縫份其餘剪掉。拆除全體的疏縫線，再一次於完成線上，以1cm間隔的針目進行疏縫。

---

3 步驟 **2** 的襯布側向上，以熨斗燙上厚接著襯。另一片也依照相同方式進行。

厚接著襯

襯布

Point
製圖中指示的裡布是大約的尺寸，實際壓線或燙接著襯時主體與底部的尺寸會縮小。沿著壓過線與燙好布襯的主體、底部輪廓，進行裡布的剪裁，這樣可以準確抓出裡布的尺寸。或是一開始就預留縮份，將裡布尺寸擴大110%進行製作的方法也可以。

裡布

主體

剪掉

④ 製作底部

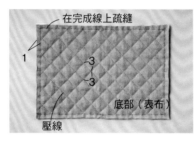

在完成線上疏縫

1

3
3
3

底部（表布）

壓線

表布預留1cm的縫份進行裁剪，描出壓線線條與完成線。將襯布、鋪棉、表布疊放成三層進行疏縫後壓線。拆除疏縫線後，對齊表布，將襯布與鋪棉多餘的部分剪掉。完成線上進行疏縫。襯布貼上厚接著襯。

⑤ 完成袋身

Point 作品雖是以車縫製成，若採手縫，請以全回針縫進行縫合。各布片進行縫合時，請務必要以疏縫固定。

縫合

接著襯側

縫合

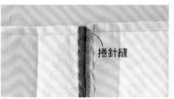

捲針縫

1 將2片主體布正面相對疊合，側身以珠針固定並進行疏縫（1股）。沿著側身的完成線進行縫合後，並拆除疏縫線。燙開兩側縫份，挑針進行捲針縫（2股），接著襯也要一併縫入。

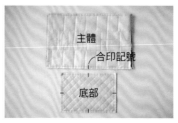

主體

合印記號

底部

主體

記號

中央

記號

底部

2 主體的底側中央與底部的四邊中央，四個點作合印記號在接著襯側。主體與底部正面相對疊合，對齊底部長幅的合印記號與主體的合印記號，珠針從底部側下針固定。接著固定底部四角的記號，四角之間的間隔也固定。

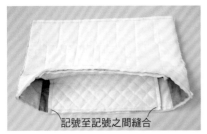

（正面）

3

3 進行疏縫後，在完成線內側0.1cm處，記號至記號為止的地方完成縫合。拆除疏縫線後，在角的印記位置上，只剪主體的縫份，剪牙口於針目的0.3cm之前，共剪4處。

接著襯側

蠟繩

5 翻至正面，整理一下主體的形狀。將蠟繩從預留口穿入，留約1cm的長度。

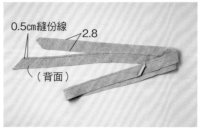

0.5cm縫份線　2.8

（背面）

1 參考P.41的作法裁剪3cm寬滾邊條，準備接縫後長110cm的布材。以熨斗熨燙時，以輕微的力量拉直布條，讓幅寬成為2.8cm左右。從邊端開始畫0.5cm的縫份線在布條背面。

主體

底部

縫合

留1cm的出芽線插入口

縫合

縫合

縫合

4 底部短幅的中央與主體的側身縫線對齊，先以珠針固定，接著固定兩旁的間隔。其中一邊從角的印記縫合至另一角的印記，另一邊要預留蠟繩差入口1cm（位置請參考製圖）。

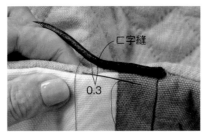

匚字縫

0.3

最後的蠟繩也穿入預留口

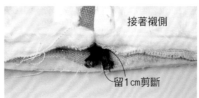

接著襯側

留1cm剪斷

6 將蠟繩沿著底部側正面的縫線，在貼近縫線處，以每一針目間隔0.3cm的距離，使用匚字縫縫法完成一圈縫合。最後剩餘的蠟繩，插入步驟 **4** 的預留口，留1cm其餘剪掉。

預約留15cm

滾邊條（背面）

2 主體的開口側與滾邊條正面相對疊合，在開口側的略下方對齊滾邊條的縫份線，以珠針固定。開始的位置與結束的位置預留15cm 縫合。

正面相對疊合

主體的牙口位置

角的印記位置

縫合

預留1cm其餘剪斷

3 滾邊條的開始端與結束端正面相對疊合，作出摺痕，預留1cm，其餘剪斷。

7 最後剩餘的蠟繩，插入步驟 **4** 的預留口後縫合。底部完成出芽的作業。

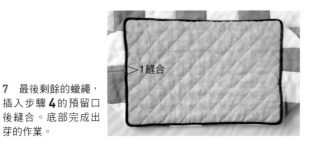

1縫合

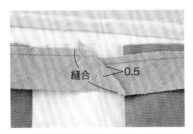

4 滾邊條的開始端與結束端正面相對疊合，以0.5cm幅寬的縫份完成縫合。燙開縫份，將步驟**2**預留的未縫合處縫合完成。

包捲縫份進行藏針縫

5 對齊滾邊條的布邊，裁剪掉主體袋口側多餘的縫份。將滾邊條翻至正面，開口側的縫份向內包捲，進行藏針縫。完成表袋主體。

⁊ 縫合裡袋

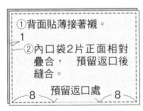

①背面貼薄接著襯。

②內口袋2片正面相對疊合，預留返口後縫合。

預留返口處

1cm縫份　中央
主體裡布（正面）
13

③翻至正面，口袋開口進行回針縫。
⑤縫合3邊。
④返口處進行立針縫。

1 參照圖①至④完成內口袋。只車縫於主體裡布的其中1片⑤。

①　③　主體（背面）
②　縫合　底部（背面）
燙開縫份

2 主體裡布2片正面相對疊合，先將側身預留1cm縫份後縫合，將縫份燙開①。接著與底部正面相對疊合，預留1cm縫份縫合②。主體開口側摺1cm縫份倒向內側③。裡袋完成。

⁊ 縫合手把完成作業

手把裝飾布（正面）

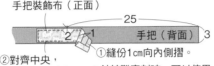

25
②　1　手把（背面）　3
①縫份1cm向內側摺。

②對齊中央，進行全回針縫。　＊針較難穿刺時，可以使用錐子先穿孔後進行縫合

2
中央2cm以接著劑黏合

1 將把手中央的裝飾布縫合固定。

全回針縫

2 表袋主體的正面側放上手把，要連同背面的接著襯一起縫合，以全回針縫縫合固定。

13
4.5

立針縫

3 主體表袋的裡面，放入裡袋背面相對疊合，對齊滾邊條的縫線邊緣以立針縫進行藏針縫。主體表袋側的布塊部分，於喜歡的位置縫上鈕釦，完成作品。

完成包包作業實用的技巧

內底板的作法

※底板可以使用塑膠板或厚紙板裁剪。

向內摺
2cm縫份
底板
底板布
邊角的角度斜剪　布用雙面膠

製作四角形的內底板。底板的邊角角度要斜剪，底板布要預留2cm的縫份進行裁剪。底板的四周使用布用雙面膠黏貼，撕開布用雙面膠的貼紙，將縫份倒向內側，一邊一邊的黏，四邊都接著黏貼。

使用布用雙面膠黏貼
沿著弧度拉緊縫份　2　平針縫

製作橢圓形的內底板。底板的直線部分使用布用雙面膠黏貼，縫份進行平針縫，沿著底板的弧度拉緊縫線打一個止縫結。直線的部分以雙面膠黏貼完成。

藏針縫
內底板

主體表袋的底部與內底板背面相對疊合，內側的縫份四周以立針縫縫合（四角形與橢圓形共用）。

斜布條的裁剪方法

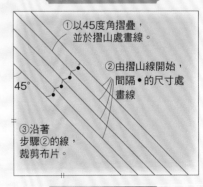

①以45度角摺疊，並於摺山處畫線。

②由摺山線開始，間隔●的尺寸處畫線

45°

③沿著步驟②的線，裁剪布片。

斜布條的拼接方法

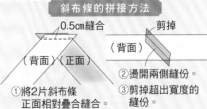

0.5cm縫合　剪掉
（背面）
（背面）（正面）
①將2片斜布條正面相對疊合縫合。
②燙開兩側縫份。
③剪掉超出寬度的縫份。

●完成尺寸　直62cm　橫84cm
●原寸紙型・圖案揭載於附錄紙型B面。
●作法示範為了更淺顯易懂，因此改以不同
　色線進行解說。

材料

棉布　印花圖案…84×62cm（裡布）
麻布　駝色…63×33cm（邊緣裝飾布）
　　　　淡駝色…50×82cm
　　　　（飾邊A・B、格子C・D）
鋪棉…84×62cm
25號繡線　紅色…1束
※6種類的表布圖案材料，請參照各表布圖案的說明。

製圖

表布圖案（拼縫布片）
鋪棉　　　　　　　　各1片
裡布（印花棉布）

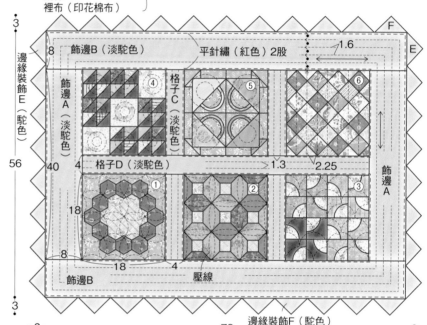
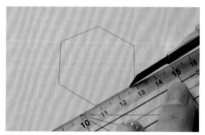
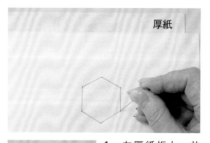
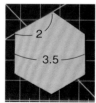
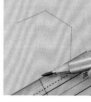

＊飾邊・格子的部分預留1cm縫份進行裁剪
＊裡布・鋪棉84×62cm各1片，邊緣裝飾布請準備9×5.5cm共38片

1 製作6種表布圖案

以月曆紙厚度的紙張作內襯，布片背面暫時
接著固定，布片須一片一片製作（拼接紙的
技法）。將此布片以捲針縫拼接成表布圖
案。製作各表布圖案的內襯紙型，製作內襯
紙有兩種作法，利用月曆紙厚度的紙張製作
內襯，或是直接在紙張上描出圖形。請參照
各表布圖案的製作方法。

❶六角形的表布圖案

棉布（印花圖案）
　布片用布…18×24cm
　中央的貼布縫布…12×13cm
　土台布…20×20cm

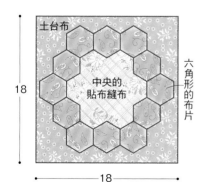

＊預留六角形布片的縫份0.8cm與
　土台布的縫份1cm，進行裁剪，
　中央的貼布縫布12×13cm
　直接使用。

1 製作紙型

Point
以美工刀分3次切斷，第一次輕輕畫出割
痕，第二次稍微切深，第三次切斷。

1　在厚紙板上，放
上以描圖紙描出的
六角形（請參照附
錄），角度的地方以
珠針穿刺至厚紙板上
作記號。將記號畫線
連接，完成六角形圖
案。

2　放在切割墊上，
以美工刀一邊一邊的
切割開，完成紙型。

2 製作內襯

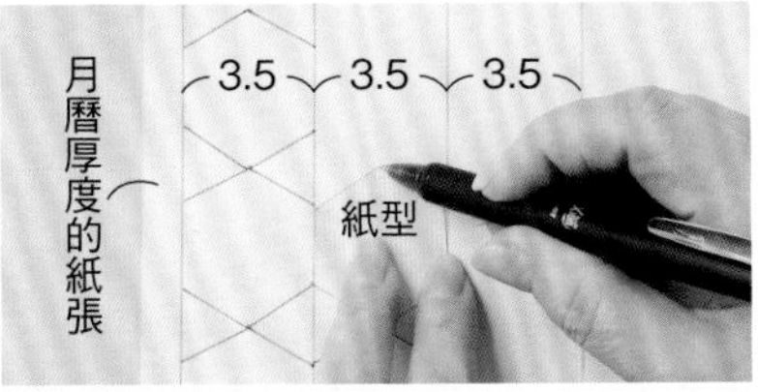

月曆厚度的紙張
3.5
3.5
3.5
紙型

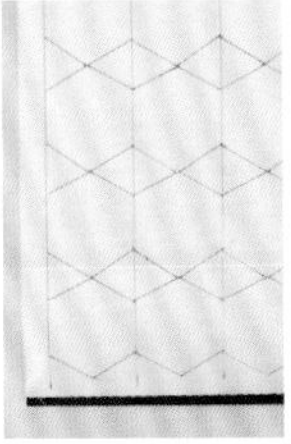

1　在月曆厚度紙張的背面畫3.5cm的間隔（六角形的寬）。若紙張的邊緣不是直線，請不要使用。配合3.5cm寬度對齊六角形紙型的邊，剩餘的四邊描寫出來。全部描寫12片。

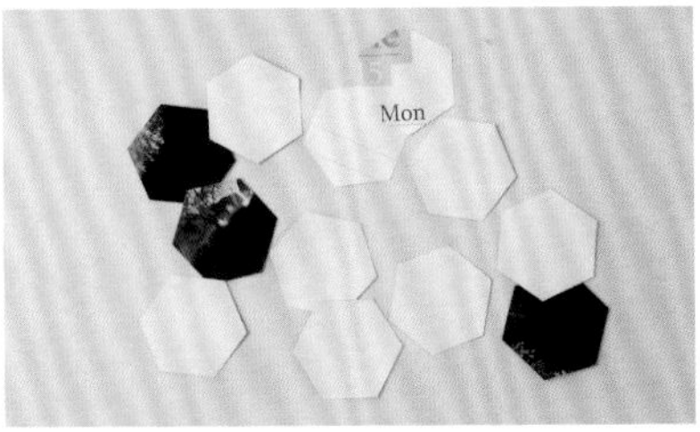

Mon

2　與紙型同樣的方式，以美工刀切割開。

3 裁剪布材

Point

布片預留0.8cm的縫份。以目測的方式，剪在大約比1cm略少的地方，約略為0.8cm。裁剪複數相同圖形時，依照步驟1的方法，將布片重疊進行裁剪，請使用可多重裁剪的剪刀較為方便。

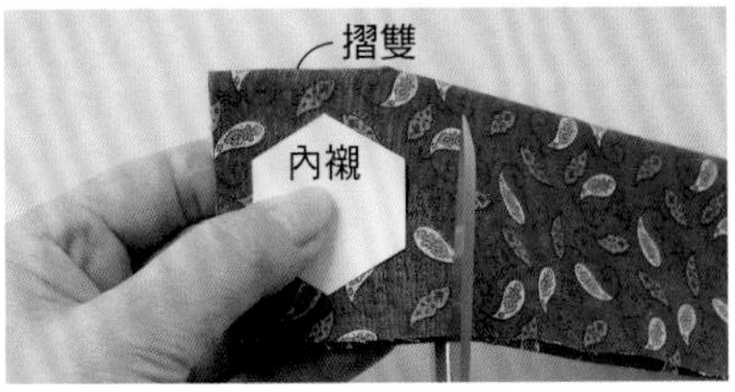

摺雙
內襯

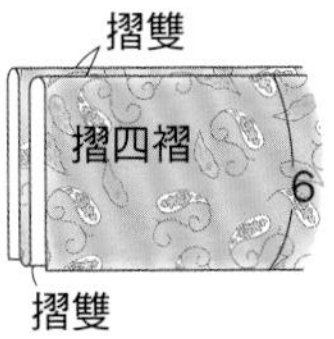

摺雙
摺四摺
6
摺雙

1　布片用布摺成四褶，以拇指壓住內襯，兩邊各預留0.8cm的縫份，四層同時裁剪。

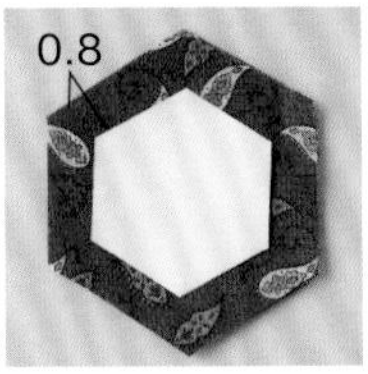

0.8

2　斜對角的邊也預留0.8cm的縫份進行裁剪。同時裁剪4片，剩餘的部分也同樣進行裁剪，全部共剪12片。

4 製作六角形的布片

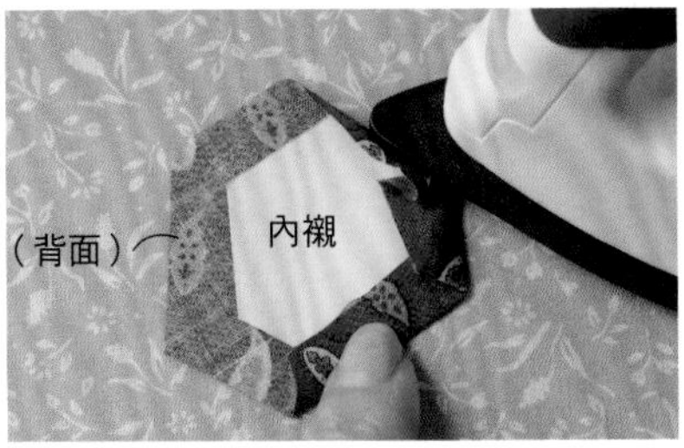

（背面）
內襯

1　在布片的背面中心，上一點布用口紅膠，將布片暫時接著固定。 將一邊的縫份摺往內襯側後，以熨斗壓住固定。

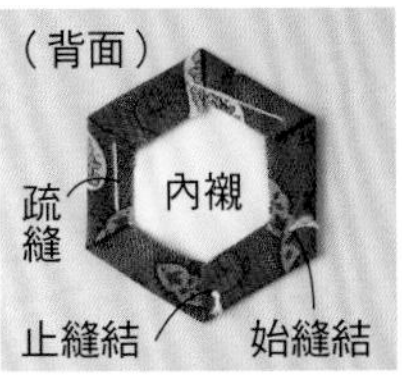

（背面）
疏縫
內襯
止縫結
始縫結

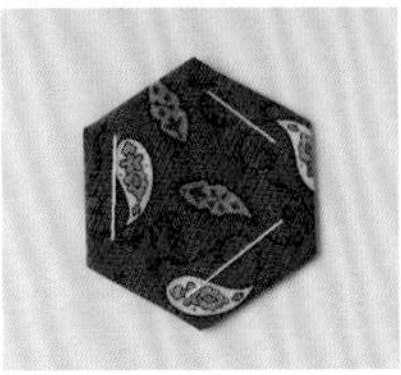

2　進行疏縫。疏縫線的線端打一個大的始縫結，背面側的角開始入針，於角的縫份重疊部分通過針線，連同內襯一起挑縫，最後於邊角處打止縫結固定。剩餘的布片也以相同的方式完成。

5 完成表布圖案

Point

使用細針（絲針9號）手縫線穿單線，以捲針縫拼接縫合。挑針時只挑到表布，不挑內襯進行捲縫。捲針縫的間隔以0.2cm左右的針目，從表部布開始捲縫，盡可能地從表布看不到縫線的力道拉緊縫線（不能過緊），進行捲針縫。

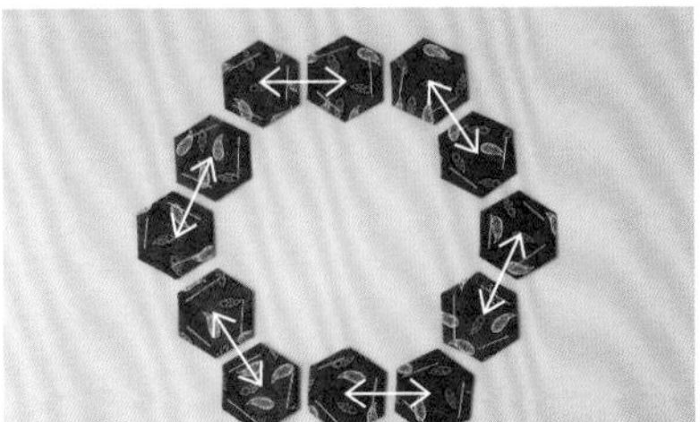

1　完成的布塊進行配置排列。直接使用這樣的排列進行捲針縫。

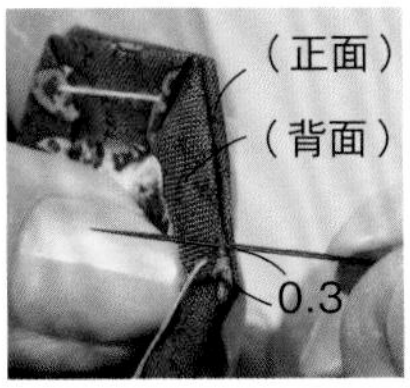

（正面）
（背面）
0.3

2　相鄰兩邊的布片正面相對疊合以拇指壓緊。線端打始縫結，依照下圖①至④的要領進行捲針縫。

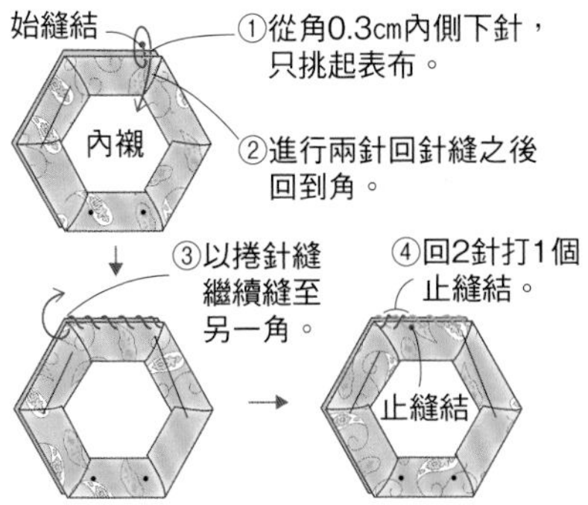

始縫結
①從角0.3cm內側下針，只挑起表布。
內襯
②進行兩針回針縫之後回到角。
③以捲針縫繼續縫至另一角。
④回2針打1個止縫結。
止縫結

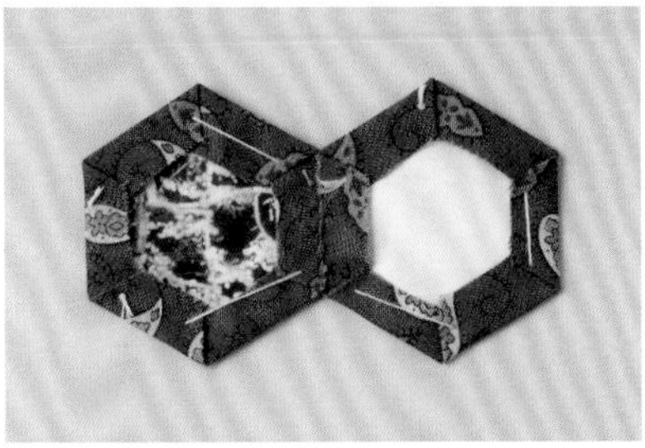

3　打開步驟**2**。完成1組布塊。剩餘的布片也以捲針縫完成，製作另5組布塊。

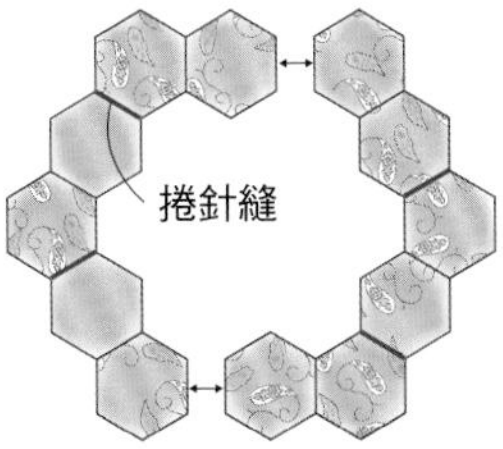

捲針縫

4　步驟**3**的布塊三組合成一組，以捲針縫縫合。最後再將兩組縫合拼接成為一個圓形。

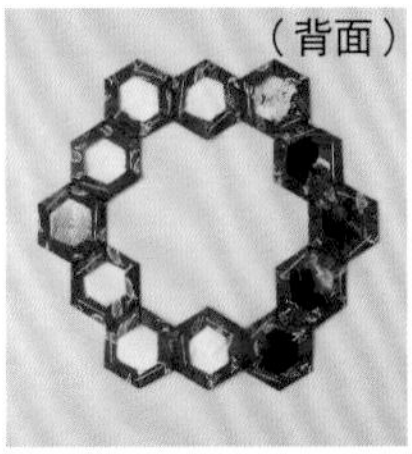

（背面）

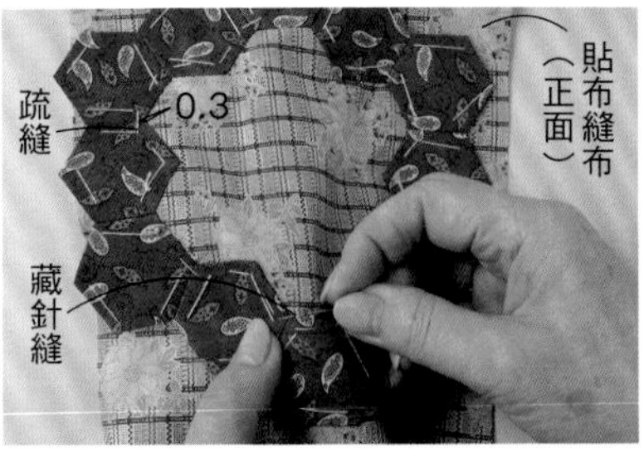

疏縫
0.3
貼布縫布（正面）
藏針縫

5　將步驟**4**放在貼布縫布的中央，以珠針固定。在布塊的0.3cm內側位置進行疏縫後，布塊的內側只挑起表布，進行藏針縫。

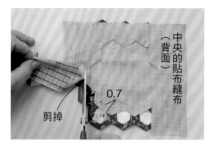

6 翻到背面，距離藏針縫的針目處，留0.7cm縫份，將中央的貼布縫布多餘的部分剪掉。

剪掉
0.7
（中央的貼布縫布）（背面）

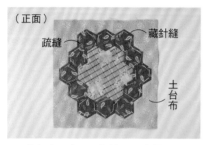

（正面）
疏縫
藏針縫
土台布

7 土台布預留1cm的縫份，裁剪20×20cm。於正面側放上步驟6的貼布縫布，測量出中央的位置放置於中央。布塊的外側以疏縫固定，周圍進行藏針縫。

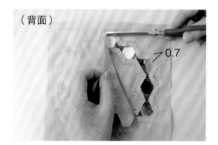

（背面）
0.7

8 距離藏針縫的針目處，留0.7cm縫份，將貼布縫布的裡側多餘土台布剪掉。

（正面）

9 拆除疏縫線，將六角形裡面的內襯取出。以熨斗整燙，完成表布圖案。

❷變形六角形的表布圖案

棉布（印花圖案）
　布片ⓐ用布…20×20cm
　布片ⓑ用布5種（印花ⓐ至ⓒ）…各27×12cm

> **製圖**

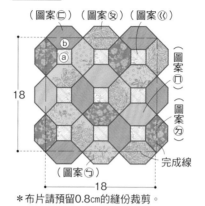

（圖案ⓒ）（圖案ⓧ）（圖案ⓦ）
ⓑ
ⓐ
（圖案ⓓ）
（圖案ⓕ）
18
完成線
（圖案ⓖ）
18

＊布片請預留0.8cm的縫份裁剪。

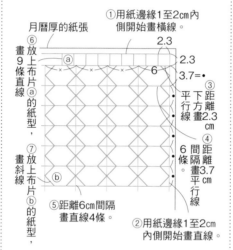

月曆厚的紙張
⑥畫9條直線
⑦放上布片ⓐ的紙型，畫斜線
放上布片ⓑ的紙型，
①用紙邊緣1至2cm內側開始畫橫線。
2.3
2.3
6
3.7=●
ⓐ
ⓑ
平行下方距離線畫2.3cm
③
④6條間隔距離3.7cm平行線
⑤距離6cm間隔畫直線4條。
②用紙邊緣1至2cm內側開始畫直線。

1 請參照附錄的原寸紙型，使用厚紙板製作布片ⓐ與ⓑ（參照P.42），製作內襯。紙張的背面依照①至⑤的順序畫線後，以紙型畫出⑥‧⑦的線。以美工刀切割布片ⓐ的紙型共9片，布片ⓑ的紙型共24片。

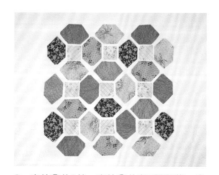

2 布片ⓐ共9片，布片ⓑ共有5種印花，ⓓ4片‧ⓧ6片‧ⓒ3片‧ⓔ6片‧ⓕ5片各預留0.8cm縫份進行裁剪。

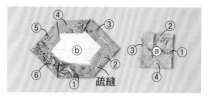

④
⑤
③
②
ⓑ
ⓐ
①
②
⑥
②
①
④
疏縫

3 各部片的背面上一點布用口紅膠，將布片暫時接著固定，將縫份倒向內襯側，進行疏縫。

第1列　　第2列　　第3列

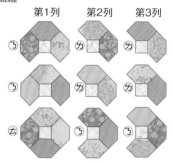

ⓓ　　ⓕ　　ⓕ
ⓕ　　ⓕ　　ⓕ
ⓕ　　ⓕ　　ⓕ

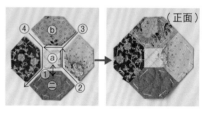

④　ⓑ　③
ⓐ
①　　②
（正面）

4 將布片進行捲針縫，組合ⓓ至ⓕ的布塊。製作布塊ⓐ。將布片ⓐ與布片ⓑ依照圖片①至④的順序，以捲針縫拼接縫合。其餘的布塊也進行縫合。

第1列　　第2列　　第3列

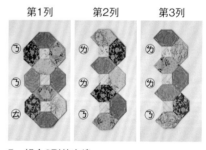

ⓕ　　ⓕ　　ⓕ
ⓓ　　ⓕ　　ⓕ
ⓓ　　ⓕ　　ⓕ

5 組合3列的布塊。

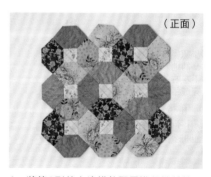

（正面）

6 將第3列的布塊橫放配置進行捲針縫。拆除疏縫線，將裡面的內襯取出。以熨斗整燙，完成表布圖案。

❸醉漢之路的表布圖案

棉布（印花圖案）
布片ⓐ用布…20×20cm
布片ⓑ用布4種…各14×14cm

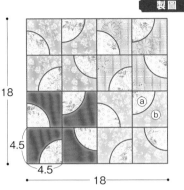

*布片各預留0.8cm縫份進行裁剪。

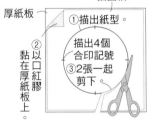

1 製作圓形的紙型。以描圖紙描出附錄的原寸紙型，以口紅膠黏在厚紙板上，沿著紙型內側的線以剪刀進行裁剪。描圖紙上已作好合印記號，所以不拆除直接使用。

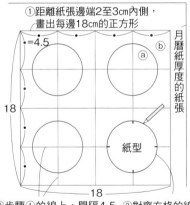

②步驟**1**的線上，間隔4.5cm的地方作記號，對齊上下左右的記號畫線連起，完成每邊4.5cm的方格。

③對齊方格的線與紙型的合印記號，描出圓形紙型的輪廓。

2 紙張上依照圖①至②的順序畫線，將步驟**1**所作的紙型合印記號對齊方格的線，描出圓形紙型的輪廓。

3 以美工刀與剪刀進行裁剪，布片ⓐ與ⓑ的內襯各作16片。

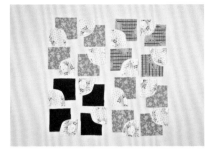

4 預留0.8cm的縫份，布片ⓐ與ⓑ各裁剪16片。改變布片的方向進行配置後，決定表布圖案的形狀。

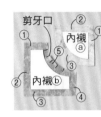

5 將布片的背面與內襯暫時接著，布片ⓑ的弧度處剪牙口，縫份依照數字的順序倒向內襯側，進行疏縫。布片ⓐ的扇形弧度處縫份，不壓死讓它於半立體的狀態，進行疏縫。

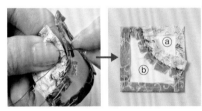

6 對齊布片ⓐ與布片ⓑ的邊角正面相對疊合進行捲針縫。轉彎處，布片對齊中央縫份微微張開來捲縫。縫到中央的時候，調節一下另一對角有無對齊後，再繼續縫合。依此要領製作正方形的布塊16組。

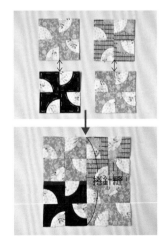

7 步驟**6**的16組布塊，分成4組捲針縫，拼接縫合成4組大布塊。先將大布塊分為2組，並且縱向配置，進行捲針縫，完成2組縱向大布塊。接著將布塊橫放配置進行捲針縫，去除疏縫線與內襯後，以熨斗整燙，完成表布圖案。

---

❹連接三角形的表布圖案

棉緹花布（紅色）
布片ⓐ用布…20×20cm
棉布（印花圖案）
布片ⓐ用布6種…各8×10cm
布片ⓑ用布…8×24cm

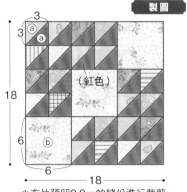

*布片預留0.8cm的縫份進行裁剪。

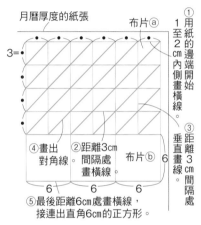

⑤最後距離6cm處畫橫線，接連出直角6cm的正方形。

1 紙張依照上圖①到⑤的順序，製作內襯布片ⓐ（48片）與布片ⓑ（3片）的製圖。

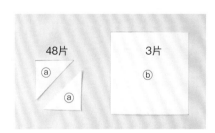

2 將步驟**1**作好的紙型以美工刀切割，完成布片ⓐ與ⓑ的內襯。

3 布片ⓐ的紅色有24片，其餘的6種印花共24片，布片ⓑ的三片，預留0.8cm的縫份進行裁剪。為了方便縫合，請將全部的布片鄰近擺放整齊配置排列。

4 各布片的背面上一點布用口紅膠，將布片暫時接著固定，將縫份依照圖中的順序，向內側倒後，進行疏縫。

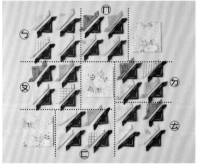

5 布片ⓐ的2片布進行捲針縫拼接縫合，成為3cm的正方形布塊，共製作24組。接著將此布塊分成4組以捲針縫拼接縫合，成為6cm的正方形布塊。

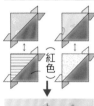

第一列　第二列　第三列

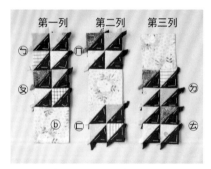

6 步驟**5**的布塊與布片ⓑ縱向配置（配置位置請參考製圖），以捲針縫拼接縫合後，再將第3列布塊拼接縫合。

7 將第3列的布塊橫向配置排列，進行捲針縫縫合完成。去除疏縫線與內襯後，再以熨斗整燙，完成表布圖案。

---

❺花籃的表布圖案

棉布（印花圖案）
　布片ⓐ・ⓒ・手把的貼布縫用布共4種
　…各13×13cm
　布片ⓐ'・ⓑ・ⓓ用布…23×30cm

製圖

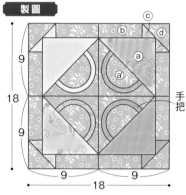

＊布片預留0.8cm的縫份進行裁剪，手把的部分準備12×2.1cm的斜紋布備用。

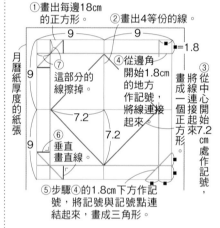

1 紙張上依照圖①至⑦的順序，畫出內襯的製圖。手把的部分不放內襯，所以不畫出來。

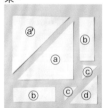

2 步驟**1**以美工刀切割開來，全部可以完成4組（圖中只有1組）。

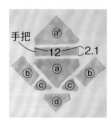

3 各布片預留0.8cm的縫份進行裁剪，背面部分與內襯暫時接著後，將縫份向內倒，進行疏縫。手把的斜紋布裁剪12×2.1cm。

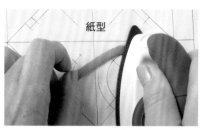

紙型

4 將手把三摺邊，輕拉伸長以熨斗進行熨燙（右），將手把放置於原寸紙型上比對，以熨斗熨燙出弧度（上）。

手把（背面）0.7

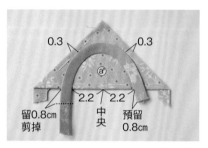

5 手把的背面以布用口紅膠固定後，順著弧度以熨斗熨燙在布片ⓐ'上。手把的外側與內側，進行藏針縫，挑針時不挑至布片ⓐ'的內襯。

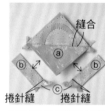
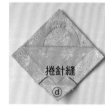

6 步驟**5**與布片ⓐ以捲針縫縫合固定，縫至把手的部分時，將手把布縫合於布片ⓐ的摺山處。分別將布片ⓑ與ⓒ縫合固定製作2組後，再接縫於布片ⓐ的2邊。最後再將布片ⓓ拼接縫合上。完成1組花籃圖案。

7 改變配色，將其餘的花籃圖案製作3組。將4組花籃圖案縱向配置，分2組2組拼接縫合（①），完成2組的布塊。將此布塊橫放配置進行捲針縫，拼接縫合成完整的1整塊（②）。拆除疏縫線與內襯。超出外側身緣多餘的縫份不用剪掉，完成花籃表布圖案。

⑥連接四角形的表布圖案

棉布（印花圖案）
布片用布9種…各15×10cm

製圖

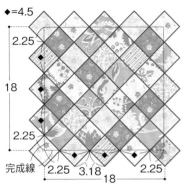

◆=4.5

2.25

18

2.25

完成線　2.25　3.18　2.25

18

＊布片預留0.8cm的縫份進行裁剪。

⑥⑤的外側線與③、④線的交叉點畫斜線連結。

⑤③與④的交叉點連結，18cm正方形的外側也畫線。

②①的線上，將上圖的尺寸作出記號。

月曆紙厚度的紙張

3.18

■=2.25

=4.5

④相反側同樣的將斜線拉長畫出，完成正方形。

18

③將記號與記號以斜線連結，斜線拉長畫出

18

⑥①用紙的邊端開始5cm左右的內側，畫1邊長18cm的正方形。

1 用紙的背面依照上圖①至⑥的順序畫線，畫出正方形的紙型後，以美工刀切割開，完成41片的內襯。

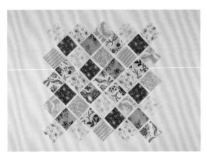

2 各布片預留0.8cm的縫份進行裁剪。請參考製圖將布片依照個人喜好進行配置排列。

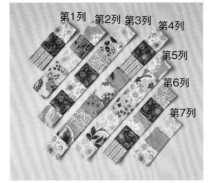

第1列　第2列　第3列
第4列
第5列
第6列
第7列

（背面）②疏縫
③　內襯　①
④

3 布片的背面將內襯暫時接著，縫份依照圖片（左）的順序向內側倒，並且進行疏縫固定。將各布片以捲針縫拼接縫合，完成7列的布塊（上）。

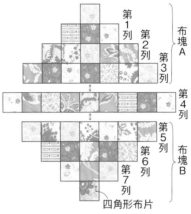

第1列
第2列
第3列　布塊A
第4列
第5列
第6列
第7列　布塊B
四角形布片

4 第1列至第3列的布塊縱向配置，以捲針縫拼接縫合。再於第1列布塊的中央，將四角形布片對齊，以捲針縫拼接縫合。完成布塊A。其次將第5至7列的布塊也以捲針縫縫合，最後第7列布塊的中央，將四角形布片對齊，以捲針縫拼接縫合。完成布塊B。

（正面）

5 將第4列布塊配置於布塊A與B之間，以捲針縫拼接縫合。拆除疏縫線，翻至背面取出內襯後，以熨斗整燙，完成表布圖案。

２完成壁飾

❶裁剪飾邊・格子

飾邊A・B、格子C・D的布材，請參照製圖使用淡駝色的麻布材，布材的正面側作印記，預留1cm的縫份進行裁剪。在飾邊A與格子D的長形拼接布片上，作出表布圖案位置的合印記號。飾邊與格子的縫份以手指向內側彎曲摺疊（不用熨燙）。

❷製作邊緣裝飾

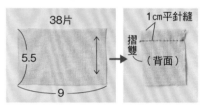

38片
5.5
9
1cm平針縫
摺雙
（背面）

1 製作三角形的飾邊圖形。駝色的麻布材9×5.5cm共剪38片。正面相對對摺，上端預留1cm的縫份進行平針縫。

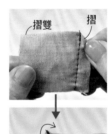

摺雙　摺

2 將摺山處的縫份向下摺一個小三角形。將拇指放於內側，摺起來的縫份以食指與中指壓住，翻至正面。

（背面）

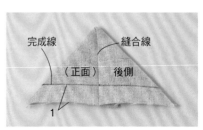

完成線　縫合線
（正面）　後側
1

3 將縫合線側的縫線固定於後方中央，下端開始1cm處畫出完成線。剩餘的37片飾邊圖形，以同樣的方式製作。三角形的邊緣裝飾完成。

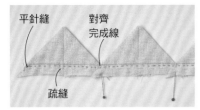

4 製作邊緣裝飾E。將8片三角形的長度調整為56cm,一邊對齊完成線一邊上下疊合,以珠針固定後,進行疏縫,完成線的外側以平針縫固定。此56cm邊緣裝飾製作2條。邊緣裝飾F是以11片三角形飾邊圖形橫向疊合連接而成,完成長度78cm,製作2條。

❸製作表布

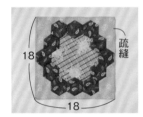

1 將P.42至P.47完成的6片表布圖案,摺成完成後18×18cm。預留1cm縫份修剪整齊,將縫份向內倒以疏縫固定。

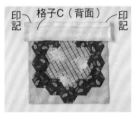

2 格子與表布圖案拼接縫合。六角形的表布圖案與格子C右橫向正面相對疊合,以珠針固定。邊角的印記位置開始至另一邊角印記位置(不捲縫到縫份),在摺山處淺淺的挑針進行捲針縫。

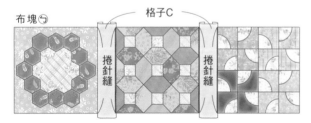

3 於步驟**2**的格子C背面側,將變形六角形的表布圖案對齊邊摺,以同樣的方式進行捲針縫。繼續依照格子C、醉漢之路的表布圖案的順序,以捲針縫拼接縫合。完成布塊🔄。

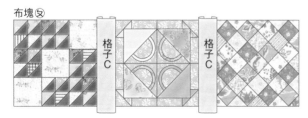

4 製作布塊🔀。依照「連接三角形的表布圖案」、「花籃的表布圖案」、「連接四形的表布圖案」的順序,在各表布圖案之間夾縫格子C,將其橫放配置,進行捲針縫拼接縫合。

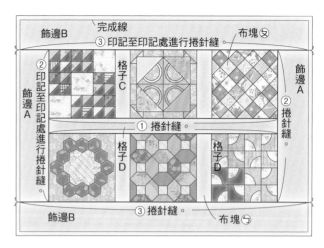

5 布塊🔀的上側身與格子D正面相對疊合,合印與合印相對齊,以珠針固定。從角的印記開始至另一相反側角的印記處,進行捲針縫。接著格子D的相反側,布塊🔀也以相同方式進行捲針縫。最後將左右飾邊A、上下飾邊B,印記至印記處進行捲針縫。

 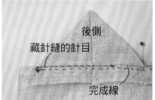

6 飾邊的四周縫上邊緣飾邊。飾邊B的縫份向內側摺倒,邊緣飾邊F對齊完成線重疊擺放,邊角至邊角以珠針固定。表布的正面側開始,至邊緣飾邊的後側挑針,從邊角至另一邊角進行藏針縫。

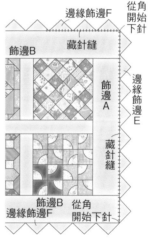 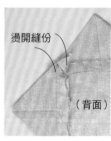

7 接著左右兩旁的邊緣飾邊F,以步驟**6**同樣的方式,從邊角至另一邊角進行藏針縫。繼續將剩餘的邊緣飾邊F、E也進行藏針縫。角(四個角)的邊緣飾邊縫份以不可以超出表布為準,將其燙開。完成表布。

❹進行刺繡

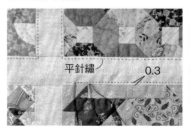

各表布圖案的四周圍與飾邊的邊緣0.3cm內側,以鉛筆畫出刺繡路徑。沿著刺繡路徑,以紅色的繡線(2股)進行平針繡。挑針時請不要挑到縫份,只挑表布進行平針繡。

❺畫出壓線線條，三層重疊進行疏縫

1 請參照附錄紙型，除了四角形接續的表布圖案之外，壓線線條的紙型以透明膠板製作。各表布圖案放上紙型，參照P.42的製圖，以鉛筆將壓線線條描出。四角形接續的表布圖案與格子、飾邊處，使用定規尺畫線。

2 將裡布與鋪棉進行裁剪（請參照製圖）。裡布的背面向上展開與鋪棉疊合。最後再對齊中央將表布重疊上。

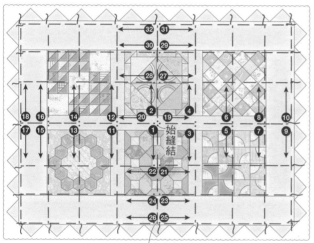

1針回針縫

3 進行疏縫。疏縫線的線端先打一個始縫結，從表布中央的正面側開始入針並將線拉出。先向下往下側，縱向方向以大針目挑針疏縫，最後一針以1針回針縫回針後將線剪斷❶。其次將背面側的縱向也疏縫完成❷。接著繼續以（❸至㉜）的順序全部疏縫完成。

❻進行壓線

- 將拼布放在桌面上，在拼布的角落放上重物使它不滑動後，開始進行壓線。
- 壓線以駝色的拼布線穿線使用，從拼布的中央開始向外側縫，依照格子至飾邊至表布圖案的順序進行疏縫。
- 為了保護手指，請在持針的那隻手中指上戴頂針。下針挑布後以頂針將針頂出進行疏縫。

開始壓線

1 拼布線的線端打一個始縫結。在離開開始位置處，從表布側入針，裡布也少量挑針，從開始位置出針。拉出拼布線，讓打結的力道使始縫結輕陷於鋪棉中。

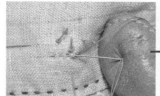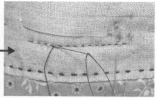

2 沿著壓線以細針目，與裡布一起挑起，進行平針縫。

壓線完成

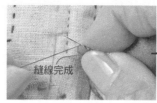

縫線完成

1 最後在表布側打一個止縫結。從止縫結的旁邊下一針，只挑起表布，在距離1㎝的位置出針。拉出縫線，施一點力氣拉緊線，將止縫結藏在表布內側。從表布側剪斷縫線，讓線頭藏在裡面。

2 完成壓線，將全部的疏縫線拆開。

❼完成作業

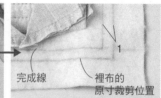

完成線　　裡布的原寸裁剪位置

1 邊緣飾邊的三角形底部作記號，避開邊緣飾邊，在鋪棉上畫出完成線，在完成線1㎝外側也畫一條線（裡布的原寸裁剪位置）。

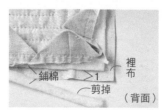

鋪棉　　1　　裡布

剪掉（背面）

2 在裡布的原寸裁剪位置上將鋪棉與裡布裁掉。接著保留裡布部分，將鋪棉沿著完成線剪掉。

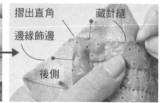

邊緣飾邊的縫份　　摺出直角　　藏針縫

裡布　　邊緣飾邊

後側

3 將鋪棉壓入邊緣飾邊的縫份下。將裡布縫份沿著完成線向內摺，邊角的角度摺成直角，縫份不可露出表側。邊緣飾邊進行藏針縫，完成作業。

6 上課學習用包

P.11

● 完成尺寸　長35.7cm　開口寬54cm
　　側身寬12cm
● 布片@至©的原寸紙型B面

材料

麻布
駝色…85×55cm　（主體表布・布片）
印花圖案⑤…45×30cm（布片）
印花圖案⑦…35×30cm（布片）
印花圖案⑦…45×15cm（布片）
印花圖案©…45×15cm（布片）

棉布
印花圖案⑤…110cm寬　90cm（布片・
裡布・內口袋・手把裝飾布・滾邊條）
素色…60×90cm（襯布）
鋪棉…90×60cm
接著襯…90×60cm
波浪花邊飾條　駝色…1cm寬　115cm
皮革手把　焦茶色…寬3cm　長50cm　1組

作法

1. 請參照原寸紙型與製圖，裁剪各部件。
2. 拼縫布片製作主體表布的前後側（圖1）。縫合拼接底布（駝色）使底成為一整塊完整底部。再將其拼接縫合成為主體表布。
3. 在步驟2表布上，畫出完成線與壓線線條（參照製圖），將襯布、鋪棉、表布三層重疊擺放，完成三層疏縫後，進行壓線。波浪飾條以半針回針縫進行接縫固定。
4. 在完成線上也以疏縫線進行疏縫，以此疏縫線為基準在襯布也畫出完成線。對齊表布之後，襯布與鋪棉多餘的部分剪掉。襯布側貼上接著襯。
5. 對齊主體表布裁剪裡布，（製圖的尺寸只是大約。裁剪方式請參照P.39）。
6. 將主體表布正面相對對摺，側身縫合，底部側身縫合，預留1cm縫份其餘剪掉（圖2）。
7. 開口側以斜紋布條進行滾邊處理（參照P.40・P.41）。在把手的內側中央以把手裝飾布縫合固定。開口側將手把對齊位置擺放，以全回針縫進行縫合固定（圖3）。
8. 先縫製內口袋，將內口袋縫合固定於裡布（參照製圖）。裡布正面相對對摺，先縫合側身完成後，縫合底部的側身。底部側身的縫份預留1cm其餘剪掉（圖2）。開口側的縫份預留1cm，縫份倒向內側。
9. 背面相對疊合後將裡袋裝入主體，開口側進行藏針縫後即完成。

裡布

2
0.2（背面）

中央

裡布
（印花圖案⑤）1片

11

後側
車縫隔間

內口袋
（印花圖案⑤）
2片

0.2

縫份摺向
內側縫合

41

23

6　側身　6

30

摺雙

6　側身　6

54

把手裝飾布（印花圖案⑤）
2片
3
11.5

滾邊條（印花圖案⑤）1條　0.7cm縫份
3
×
110至120cm

尺寸圖

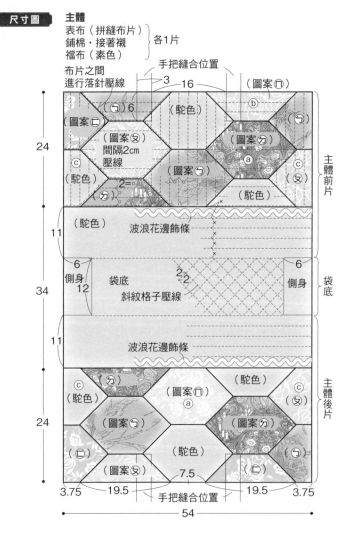

主體
表布（拼縫布片）
鋪棉・接著襯　各1片
襯布（素色）

手把縫合位置

布片之間
進行落針壓線

3　16　（圖案⑦）

（圖案©）　（駝色）　ⓑ　（⑤）

24　（圖案⑦）　（圖案⑤）　（⑤）

© （圖案⑤）　間隔2cm壓線　ⓐ　© （⑤）

（駝色）　（圖案⑤）　（駝色）

2=（⑤）　　　　　主體前片

11　（駝色）　波浪花邊飾條

6　　　6

側身　袋底　側身

34　12　2/2　斜紋格子壓線

袋底

11　波浪花邊飾條

24　© （駝色）　（圖案⑦）　（駝色）　© （⑤）

（⑤）　ⓐ　（圖案⑤）

（©）　（駝色）　（©）

（圖案⑤）　7.5　主體後片

3.75　19.5　手把縫合位置　19.5　3.75

54

＊原寸裁剪滾邊條，鋪棉・襯布各2cm，
內口袋的開口側3cm，其餘的縫份預留1cm進行裁剪。
＊滾邊條幅寬3cm，準備斜紋布長度110至120cm。

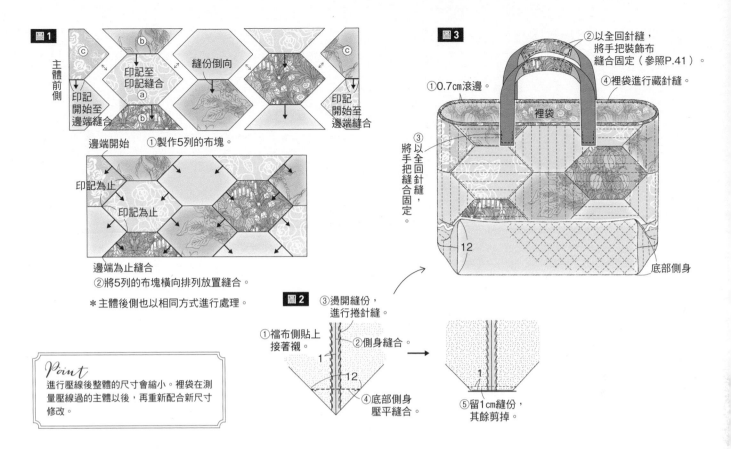

圖1

主體前側

印記至印記縫合 ⓐ

縫份倒向

印記開始至邊端縫合

印記開始至邊端縫合

ⓒ ⓑ ⓒ

邊端開始

①製作5列的布塊。

印記為止

印記為止

邊端為止縫合

②將5列的布塊橫向排列放置縫合。

＊主體後側也以相同方式進行處理。

Point
進行壓線後整體的尺寸會縮小。裡袋在測量壓線過的主體以後，再重新配合新尺寸修改。

圖2

③燙開縫份，進行捲針縫。

①襠布側貼上接著襯。

②側身縫合。

1

12

④底部側身壓平縫合。

→

1

⑤留1cm縫份，其餘剪掉。

圖3

②以全回針縫，將手把裝飾布縫合固定（參照P.41）。

①0.7cm滾邊。

④裡袋進行藏針縫。

③以全回針縫，將手把縫合固定。

裡袋

12

底部側身

3
簡易外出背包

p.8

●完成尺寸　長20.5cm　開口寬30cm
　　　　　　底部17×10cm
●原寸紙型A面

主體
表布（黑色）
鋪棉
襠布（素色）
裡布（印花圖案）
各2片

尺寸圖

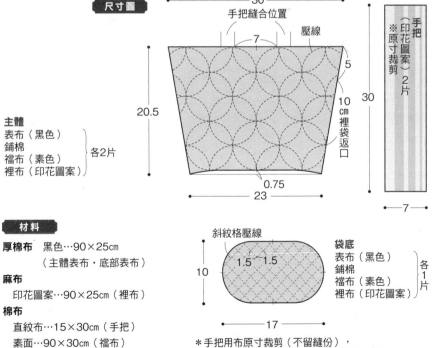

30

手把縫合位置

壓線

7

5

20.5

10 cm 裡袋返口

0.75

23

手把（印花圖案）※原寸裁剪 2片

30

7

斜紋格壓線

1.5　1.5

10

17

袋底
表布（黑色）
鋪棉
襠布（素色）
裡布（印花圖案）
各1片

＊手把用布原寸裁剪（不留縫份），
　主體表布32×25cm2片，鋪棉、襠布的縫份2cm，
　其餘的預留1cm後進行裁剪。

作法

1 請參照原寸紙型與製圖，裁剪各部件。主體表布（黑色厚棉布）裁剪32×25cm2片後，將壓線線條畫上。主體的紙型放上，描出輪廓線（圖1，使用可以以熨斗加熱消除的消失筆，會更加便利）。預留1cm的縫份進行裁剪。

2 將主體‧底部這兩個部分，依照襠布、鋪棉、表布的順序3層疊合放置，進行疏縫與壓線。對齊表布，將多餘的鋪棉與襠布剪掉。

3 製作兩個手把（圖2）。

4 主體兩片布正面相對疊合，側身先完成縫合。將縫份燙開，縫份以捲針縫作收邊處理（參照P.39 5-1）。接著縫合底部，主體的開口側將手把假縫固定（圖3）。

5 製作裡袋。主體裡布兩片正面相對疊合，完成側身縫合。請預留一個返口後，接著把底部也縫合完成（圖4）。

6 將主體與裡袋正面相對疊合，開口側縫合一圈（圖4）。從返口翻回正面，返口處以藏針縫進行縫合。

7 將返口處縫合完成後，將裡袋塞回主體裡面，整理一下形狀使其平順。開口側以星止縫縫合一圈（圖6）。

8 毛線球製作8個（圖5），縫合固定於主體的開口側（圖6），即完成作品。

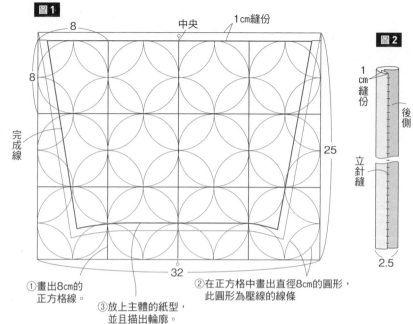

圖1

中央　1cm縫份
8
8
完成線
25
32
①畫出8cm的正方格線。
②在正方格中畫出直徑8cm的圓形，此圓形為壓線的線條
③放上主體的紙型，並且描出輪廓。

圖2

1cm縫份
後側
立針縫
2.5

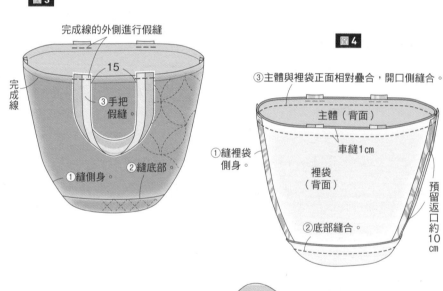

圖3

完成線的外側進行假縫
15
完成線
③手把假縫
①縫側身。
②縫底部。

圖4

③主體與裡袋正面相對疊合，開口側縫合。
主體（背面）
車縫1cm
①縫裡袋側身。
裡袋（背面）
②底部縫合。
預留返口約10cm

圖5

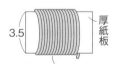

3.5
厚紙板
①約捲繞50次。
（依照毛線的粗細，變換捲繞的次數）

摺雙
10
②從厚紙板上取出，中央部分以同一條線，繞2至3圈，拉緊一點打兩個結。

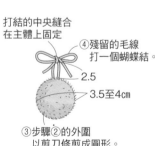

打結的中央縫合在主體上固定
④殘留的毛線打一個蝴蝶結。
2.5
3.5至4cm
③步驟②的外圍以剪刀修剪成圓形。
＊製作8個

圖6

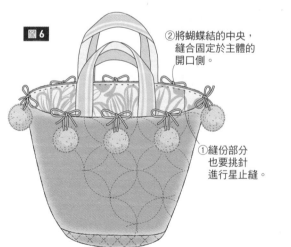

②將蝴蝶結的中央，縫合固定於主體的開口側。
①縫份部分也要挑針進行星止縫。

5 狗狗散步用包

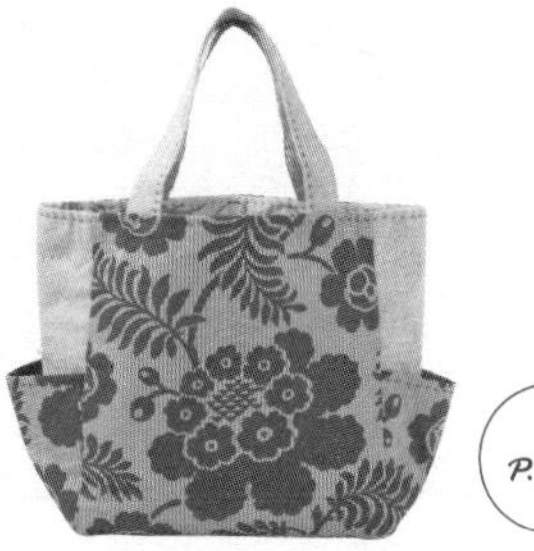

p.10

●完成尺寸　長20cm　開口寬30cm
　　　　　　底部20×10cm

材料

麻布　駝色…55×30cm
　（側身表布・底部表布・手把）
棉布
　印花圖案㋙…80×25cm（主體表布・外口袋）
　印花圖案㋜…100×25cm（裡布）
薄接著襯…100×70cm
25號繡線　紅色…適量

作法

1　參照製圖，各部件預留1cm的縫份進行裁剪。手把以外的部件都貼上薄布襯。
2　外口袋製作2片，假縫於側身表布上（圖1）
3　將主體與側身縫合，形成筒狀後，連接縫合於底部。完成表袋。
4　製作手把（圖2），假縫固定於表袋的表側（圖3）。開口側預留1cm的縫份以熨斗向內摺燙。
5　主體裡布與側身裡布縫合，連接縫合於裡布底部。完成裡袋。開口側預留1cm的縫份以熨斗向內摺燙。
6　將裡袋背面相對疊合放入表袋，開口側以藏針縫縫合一圈後，在距離0.5cm處以紅色繡線2股，以平針繡繡一圈（圖4）即完成作品。

尺寸圖

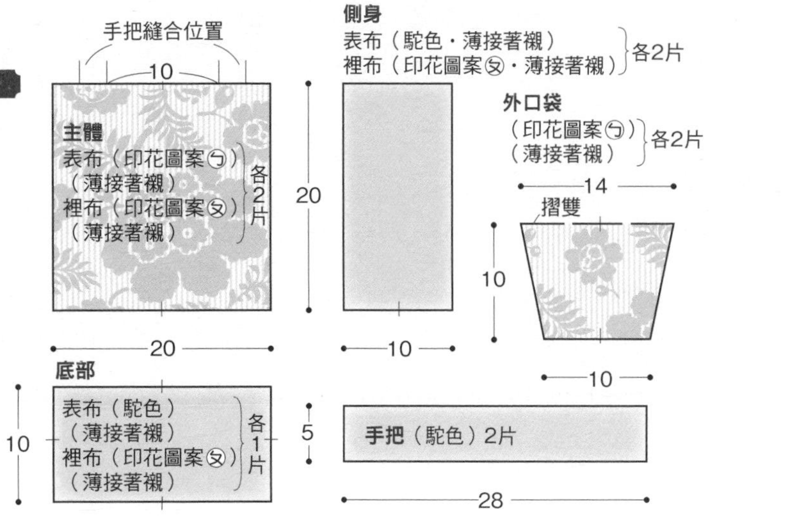
手把縫合位置
10
主體
表布（印花圖案㋙）
（薄接著襯）
裡布（印花圖案㋜）
（薄接著襯）
各2片
20
20
側身
表布（駝色・薄接著襯）
裡布（印花圖案㋜・薄接著襯）
各2片
10
外口袋
（印花圖案㋙）
（薄接著襯）
各2片
14
摺雙
10
10
底部
表布（駝色）
（薄接著襯）
裡布（印花圖案㋜）
（薄接著襯）
各1片
10
5
手把（駝色）2片
28

※預留1cm縫合份進行裁剪。

圖1

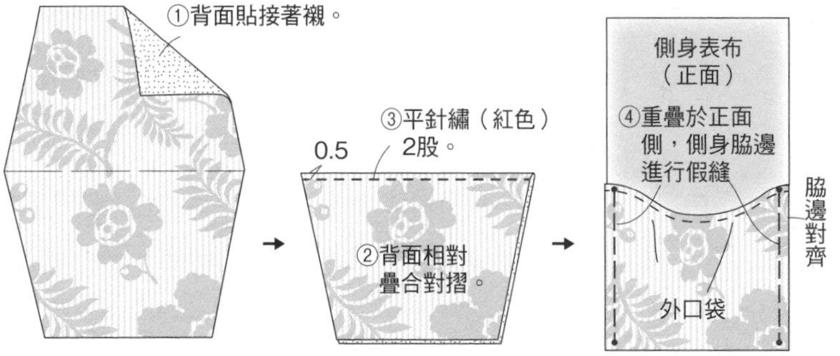
①背面貼接著襯。
③平針繡（紅色）2股。
0.5
②背面相對疊合對摺。
側身表布（正面）
④重疊於正面側，側身脇邊進行假縫
脇邊對齊
外口袋

圖2

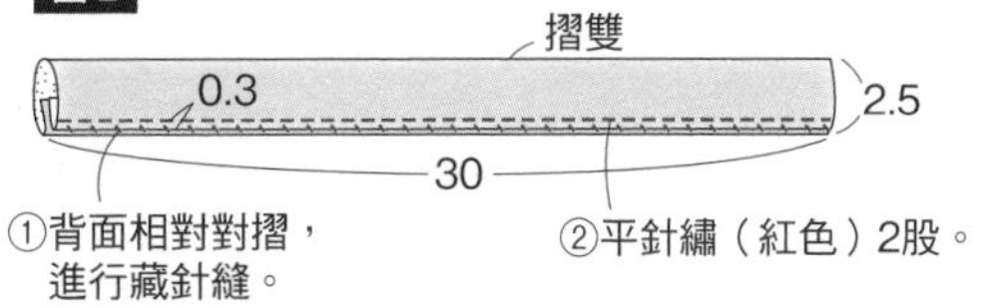
摺雙
0.3
2.5
30
①背面相對對摺，進行藏針縫。
②平針繡（紅色）2股。

圖4

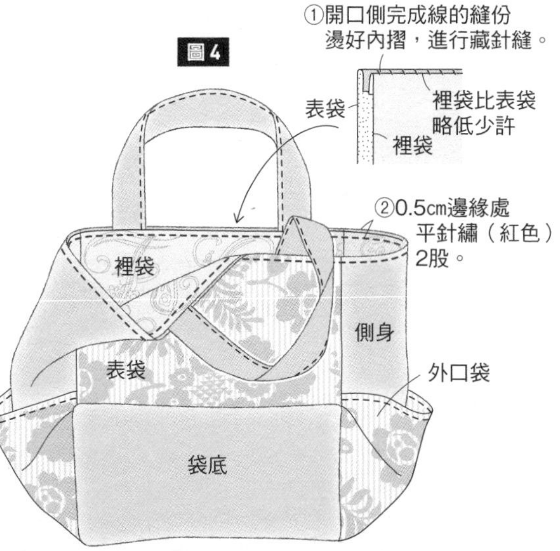
①開口側完成線的縫份燙好內摺，進行藏針縫。
表袋
裡袋比表袋略低少許
裡袋
②0.5cm邊緣處平針繡（紅色）2股。
裡袋
側身
表袋
外口袋
袋底

圖3

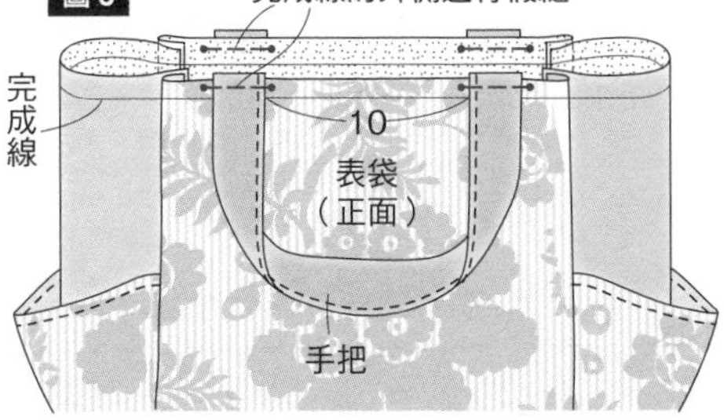
完成線的外側進行假縫
完成線
10
表袋（正面）
手把

Point
外口袋的開口寬比側身寬一些。側身與外口袋的邊緣對齊，開口處維持打開的狀態縫合，完成後側口袋較容易放東西。

4
備用包

P.9

●完成尺寸　長60cm　開口寬40cm
　　　　　　　側身寬10cm
●原寸紙型B面

材料

麻布

駝色…110cm寬　50cm
　　　　（布片ⓐ・ⓒ・ⓔ）
卡其色…50×20cm（布片ⓓ）
花圖案…30×30cm（布片ⓑ）
棉布　印花圖案…110cm寬　65cm
　　　（裡布・內口袋）
25號繡線　玫瑰紅・駝色
　…各適量

作法

1　請參照原寸紙型與製圖，裁剪各部件。
2　將布片ⓐ・ⓑ・ⓒ拼接縫合成布塊，主體前
　　左表布與後片右表布，各製作1片。邊緣以
　　平針繡點綴（參照製圖）。
3　將布片ⓓ・ⓔ拼接縫合，主體前右表布與
　　後左表布各作1片，進行平針繡（參照製
　　圖）。
4　步驟2・3的表布左右片拼接縫合，接縫線
　　上以十字繡刺繡點綴。主體前片・主體後片
　　表布完成（參照製圖）。
5　製作內口袋。在其中的一片裡布裡縫合固定
　　後內口袋後，與另一片裡布正面相對疊合，
　　先將肩線縫合。其次從側身脇邊開始至底部
　　縫合一圈完成（圖1），底部的角落作邊角
　　處理（圖2）。裡袋完成。
6　步驟4的主體表布2片正面相對疊合，與裡
　　袋同樣以肩線、側身底部、底部邊角的順序
　　完成縫合，袋身製作完成。
7　步驟5的裡袋中，放入步驟6正面相對疊
　　合，手把的內圈縫合（圖3）。
8　翻回正面，將裡袋塞入表袋中，整理整齊包
　　包形狀。手把的外圈縫份向內側翻捲，進行
　　立針縫。縫合後，手把的內側與外側以平針
　　繡刺繡點綴（圖4）即完成作品。

尺寸圖　主體前・後表布（拼縫布片）各1片
※前表布要與後表布反轉製作

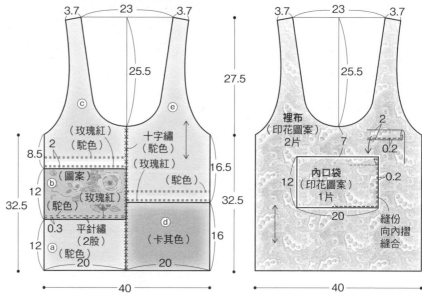

＊預留內口袋的開口側3cm，
　其餘的1cm縫份，進行裁剪

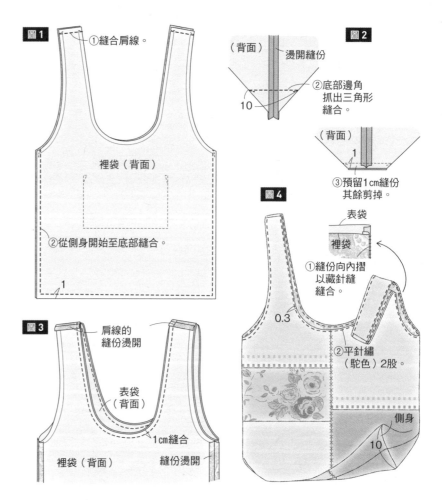

21
3WAY包

P.29

●完成尺寸
長38.5cm　寬32cm

材料

棉布
印花圖案11種…各適量（布片ⓐ）
印花圖案♻…40×106cm
（裡布・內口袋・手把・標籤・開口側的
滾邊條）
素面…76×44cm（襯布）

麻布
　綠色直條紋布…34×40cm（布片ⓑ）
鋪棉…76×44cm
緞帶　金色…1.5cm寬　118cm
D環　銅金屬色…內徑1.5×1cm　2個
有附調節環的背帶…1條

作法

1　參照製圖裁剪各部件。三角形的布片共
　11種印花圖案，搭配數量請依照喜好，
　全部裁剪160片。布片ⓐ的內襯為一邊4
　cm的等邊三角形，共裁剪160片（參照
　P.45）。

2　三角形的布片放入內襯，這樣的布片ⓐ共
　製作160片（參照P.46）。依照喜愛的
　配色2片2片拼接縫合成80片，完成主體
　前片與後片的布塊（參照製圖）。取出內
　襯，將四周的縫份攤平以熨斗整燙整齊。

3　步驟2的布塊與布片ⓑ拼接縫合，製作完
　成主體前片・後片的表布。依照襯布・鋪
　棉・表布的順序疊合，進行疏縫，而後壓

線（參照製圖）。配合表布的大小，將襯
布・鋪棉的多餘部分剪掉。

4　將34cm的緞帶放在三角形的布塊與布片ⓑ的
　接縫線上，以半回針縫縫合固定（圖2）。

5　參照圖1製作標籤，假縫於主體前片（圖
　2）。標籤夾於中間，主體前片與主體後
　片正面相對疊合，側身與底部縫合。側身
　的縫份燙開，翻回正面並且整理袋身。

6　步驟5的主體開口側，將滾邊條正面相對
　疊合，一整圈進行滾邊縫製。滾邊條的邊
　端對齊主體開口側，主體開口側多餘縫份
　剪掉。開口側滾邊縫製的寬為0.5cm，進
　行藏針縫（圖4）。

7　製作手把（圖3），在開口側上以全回針
　縫縫合固定（圖4）。

8　裡布的後側將內口袋縫合固定（參照製
　圖）。與製作主體相同方法縫合側身與
　底部，將縫份燙開完成裡袋。裡袋開
　口側1cm的縫份向內摺，放入主體背面相對
　疊合，與滾邊條的側身進行藏針縫（圖
　4），即完成作品。

Point
接縫三角形時，面對角的布片，將其深淺交
錯配置顏色，會更加顯得層次分明。裡袋是
在主體壓線之後，配合壓線後的尺寸裁剪製
作。

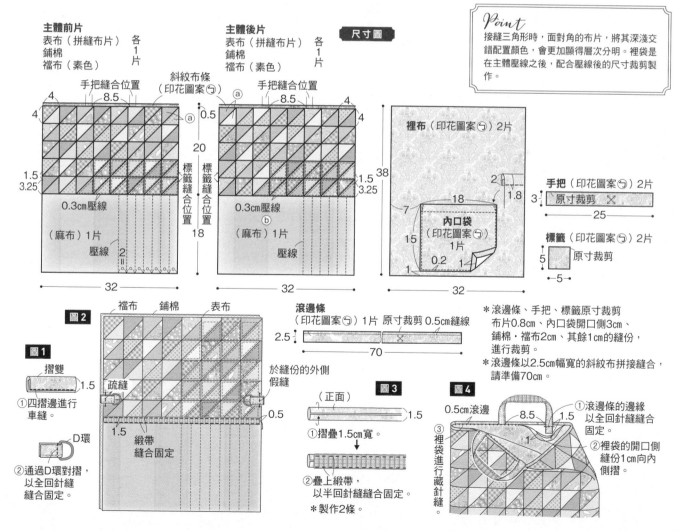

20
購物包

P.28

●完成尺寸　長22.7cm　開口寬45.5cm
　　　　　　底部36.4×16cm
●六角形的布片與底部原寸紙型B面

P.28

材料

棉布

印花圖案3種…各6×15cm（布片ⓐ）
印花圖案7種…各12×20cm（布片ⓑ）
印花圖案㋑…93×12cm（布片ⓒ）
印花圖案㋾…93×46cm
（裡布・滾邊條・內口袋）
米色…100×50cm（襯布・底板布）

麻布

駝色…100×20cm（布片ⓓ）
茶色…20×40（底部表布）
接著襯…100×45cm
鋪棉…100×50cm
塑膠底板…15×36cm
手把　駝色…寬5cm　長35cm　1組
蠟繩　茶色…粗細0.4cm　95cm
波浪花邊飾條…0.5cm寬　190cm

作法

1　請參照原寸紙型與製圖，裁剪各部件。
2　六角形的布片ⓐ以3種印花圖案共7片、布片ⓑ以7種印花圖案各8片，全部共裁剪63片，放入內襯製作六角形（參照P.43）。9片的六角形請參照圖1的形狀，以捲針縫進行拼接縫合，共製作7塊。
3　在布片ⓒ（印花圖案㋑）之中，將步驟2的圖形以立針縫進行貼布縫，剪掉貼布縫圖形裡面的印花圖案㋑布，將內襯取出。在上面與下面拼接縫合布片ⓓ，縫份倒向布片ⓓ。接縫線上將波浪飾邊條以半回針縫縫合固定。表布完成（參照製圖）。
4　步驟3的表布畫上壓線線條（參照製圖），依照襯布、鋪棉、表布的順序將3層重疊擺放後，進行疏縫，並壓線。
5　製作底部。在表布的正面側畫出完成線與壓線（參照製圖），預留1cm的縫份進行裁剪。依照襯布、鋪棉、表布的順序將3層重疊擺放後，進行三層疏縫，並壓線。
6　主體與底部的縫份修剪整齊為1cm，在襯

布側貼上接著襯。
7　將主體接縫成一圈，接縫線放置於後側中央，並且將縫份燙開。留下可通過蠟繩的洞口，主體與底部拼接縫合（圖2）。翻回正面，沿著主體與底部的接縫線，將蠟繩挨著接縫線上縫合固定，翻回裡面，將剩餘的部分縫合完成（參照P.40）。
8　於主體的開口側上，將滾邊條正面相對疊合，開口側的完成線與滾邊條的縫線對整齊，縫合一整圈。對齊滾邊條的邊端，將開口側多餘的縫份修剪整齊。開口側以滾邊條包捲起來作為收邊處理，進行藏針縫，最後再將手把縫合上（圖3）。
9　製作底板（參照P.41）。放入主體之中，於底部的襯布側縫合固定。
10　將裡布接縫成一圈，於後中央縫合固定內口袋（參照製圖）。與底部拼接縫合完成裡袋。將裡袋背面相對疊合放入主體，縫合固定於滾邊條的邊端（圖4），即完成作品。

尺寸圖

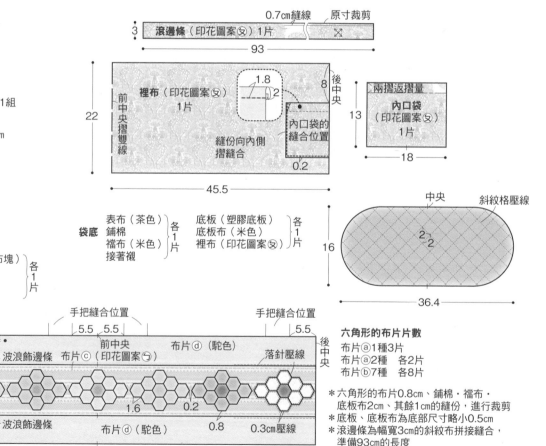

滾邊條（印花圖案㋾）1片　　0.7cm縫線　原寸裁剪
93

裡布（印花圖案㋾）
1片
1.8　2
22
前中央摺雙線
45.5
後中央
8
縫份向內側摺縫合
內口袋的縫合位置
0.2

兩摺返摺量
內口袋（印花圖案㋾）1片
13
18

袋底　表布（茶色）
　　　鋪棉
　　　襯布（米色）　各1片
　　　接著襯

底板（塑膠底板）
底板布（米色）
裡布（印花圖案㋾）　各1片

中央　　斜紋格壓線
2 2
16
36.4

主體　表布（貼布縫・布塊）
　　　鋪棉
　　　襯布（米色）　各1片
　　　接著襯

手把縫合位置　　　手把縫合位置　　　手把縫合位置
5.5　　　5.5　5.5　　　　　　　5.5
6　2=
波浪飾邊條　布片ⓒ（印花圖案㋑）　布片ⓓ（駝色）　落針壓線
前中央
布片ⓑ
22　10
布片ⓐ
1.6　　0.2
波浪飾邊條　布片ⓓ（駝色）　0.8　0.3cm壓線
6
壓線
91
後中央

六角形的布片片數

布片ⓐ1種3片
布片ⓐ2種　各2片
布片ⓑ7種　各8片

＊六角形的布片0.8cm、鋪棉・襯布・底板布2cm、其餘1cm的縫份，進行裁剪
＊底板、底板布為底部尺寸略小0.5cm
＊滾邊條為幅寬3cm的斜紋布拼接縫合，準備93cm的長度

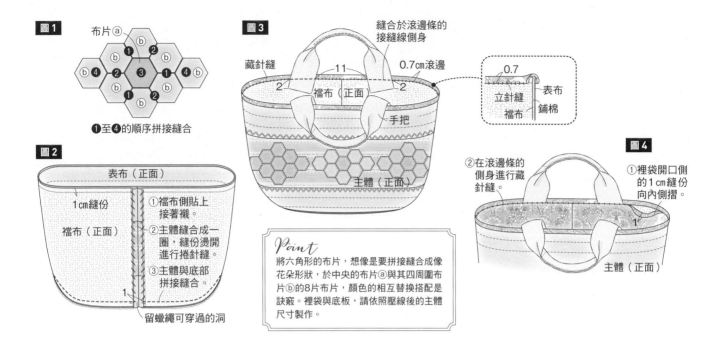

圖1
布片ⓐ
❶至❹的順序拼接縫合

圖2
表布（正面）
1cm縫份
檔布（正面）
①檔布側貼上接著襯。
②主體縫合成一圈，縫份燙開進行捲針縫。
③主體與底部拼接縫合。
1
留蠟繩可穿過的洞

圖3
縫合於滾邊條的接縫線側身
藏針縫
11
2　檔布（正面）　2
0.7cm滾邊
手把
主體（正面）
0.7
立針縫　表布
檔布　鋪棉

圖4
②在滾邊條的側身進行藏針縫。
①裡袋開口側的1cm縫份向內側摺。
1
主體（正面）

Point
將六角形的布片，想像是要拼接縫合成像花朵形狀，於中央的布片ⓐ與其四周圍布片ⓑ的8片布片，顏色的相互替換搭配是訣竅。裡袋與底板，請依照壓線後的主體尺寸製作。

2
寶特瓶置物包
P.7

●完成尺寸
長30.5cm　開口寬14cm
側身寬7cm
●原寸紙型A面

材料
麻布　駝色…45×25cm
　　（布片ⓐ・ⓒ・ⓓ・ⓖ）
棉布　印花圖案…35×40cm（裡布）
棉布・麻布零碼布片3款…各適量
　　（布片ⓑ・ⓔ・ⓕ）
25號繡線　紅色・駝色…各適量

作法
1　請參照製圖裁剪各部件。
2　將布片ⓑ與ⓒ、布片ⓓ與ⓔ分別進行橫向配置縫合，製作成布塊㋩與㋥。
3　依照布片ⓐ、布塊㋩、布塊㋥、布片ⓕ・ⓖ的順序，拼接縫合成大布塊的表布圖案。請參照製圖進行刺繡。另一面的大布塊表布圖案也依照相同要領製作。
4　將2片的表布正面相對疊合，從側身開始到底部、肩線部分進行縫合，完成袋身。接著縫合底部側身。裡布也依照相同要領縫合，製作裡袋（圖1）。

尺寸圖
主體　表布（布塊）　各2片
　　　裡布（印花圖案）
3.5　7　3.5
10　10（駝色）
開口止縫點
7
2
4.5
平針繡（紅色）2股
8　6
4（圖案㋺）ⓒ 0.4
ⓑ
圖案㋩
4.5　9.5（圖案㋺）
圖案㋥
24
7
ⓓ　十字繡（駝色）2股　ⓔ
5（圖案㋭）ⓕ
3.5　縫份倒向　ⓖ
14
＊預留0.7cm縫份進行裁剪。

5　主體表袋與裡布裡袋正面相對疊合，縫合手把的內圍。裡袋裝入表袋中並且整理整齊。將手把的外圍縫份向內摺後進行藏針縫。最後在手把內緣四周以平針繡進行刺繡點綴（圖2、P.54的備用包作法相同），即完成作品。

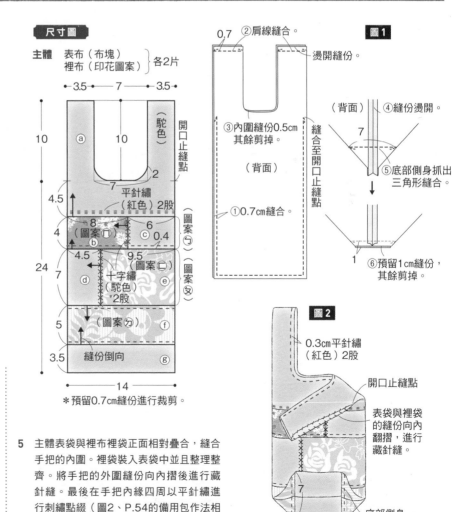

圖1
0.7
②肩線縫合。
燙開縫份。
③內圍縫份0.5cm其餘剪掉。
（背面）
①0.7cm縫合。
（背面）④縫份燙開。
7
縫合至開口止縫點
⑤底部側身抓出三角形縫合。
1
⑥預留1cm縫份，其餘剪掉。

圖2
0.3cm平針繡（紅色）2股
開口止縫點
表袋與裡袋的縫合向內翻摺，進行藏針縫。
7
底部側身

22
六個口袋的
小包包

P.30

●完成尺寸
　長13.2cm
　寬26cm　　側身寬3.5cm
●主體的原寸紙型B面

材料

棉布
印花圖案9種…各12×12cm（布片）
印花圖案☉…73×51cm（主體表布・
　側身表布・外口袋與主體開口的滾邊條）
印花圖案⊗…110cm寬　51cm
　（主體裡布・側身裡布・外口袋裡布・
　間隔布・內口袋・卡片部分）
　素色…97×29cm（襯布）
鋪棉…43×56cm
薄接著襯…97×28cm
麂皮流蘇　黑色…長5cm　1個
金屬鈕釦…直徑2cm　2個
含金屬D環、龍蝦釦的皮片（皮革製）
　黑色…2個
拉鍊　黑色…長24cm　1條
織帶　黑色　1條

Point
接縫四角形布片時，先決定主題顏色，將可以
搭配主題顏色的零碼布片收集在一起，進行搭
配組合後再縫合。主體與外口袋的裡布，測量
壓線後的尺寸再進行裁剪。

作法

1. 請參照製圖，裁剪各部件。外口袋與主體、夾層布的底部轉彎處，與側身縫合時需測量過再裁剪，所以先剪直線即可。
2. 外口袋布片的內襯製作65片（一邊2cm的正方形）。將布片以印花圖案9種，印花依照喜好共裁剪65片。65片的布片排列放置，決定配色。布片中裝入內襯並且進行疏縫（參照P.43）。
3. 先將步驟2的布片橫向13片進行捲針縫，共製作5列的布塊。接著縱向配置進行捲針縫，縫合成1塊。拆除疏縫線並且將內襯取出，周圍的縫份燙開。畫出完成線與壓線。外口袋的表布完成。
4. 將襯布、鋪棉、步驟3的表布3層疊合，進行三層疏縫後，完成壓線。配合表布，將襯布、鋪棉的多餘縫份剪掉。
5. 製作主體。畫出表布正面側的完成線與壓線。3層疊合，進行三層疏縫後，完成壓線。配合表布，將襯布、鋪棉的多餘縫份剪掉。
6. 側身三層疊合進行疏縫後，完成壓線。配合表布，將襯布、鋪棉的多餘縫份剪掉。
7. 製作內口袋（圖1）與卡片夾（圖2），各自在裡布的正面側以藏針縫縫合固定。
8. 製作夾層布，在裡布的正面側，進行疏縫固定（圖3）。另一片的裡布也將夾層布以疏縫固定。2片裡布與側身正面相對疊合，留下開口側周圍進行縫合（圖4）。完成裡袋。
9. 將裡布裝入外口袋中，背面相對疊合，開口側以3cm寬斜紋布條進行滾邊處理。重疊於主體的表側，周圍進行疏縫，底部的轉彎處預留1cm的縫份進行裁剪。成為前側（圖5）。後側不縫口袋，只單作主體。
10. 步驟6的側身兩側與主體拼接縫合，開口側以3cm寬的滾邊條以立針縫縫合一圈於襯布。在側身將含金屬D環龍蝦扣的皮片以全回針縫的要領縫合固定（圖6）。
11. 開口側將拉鍊縫合固定。主體之中將裡袋背面相對重疊放入，以藏針縫固定拉鍊（圖7）。外口袋於位置處縫上鈕釦，拉鍊的拉頭處裝上流蘇（圖8），裝上織帶即完成。

尺寸圖

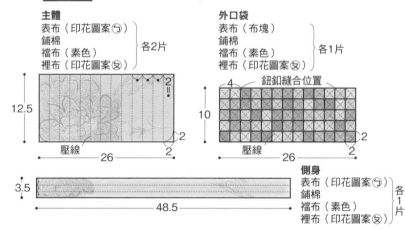

主體
表布（印花圖案☉）
鋪棉
襯布（素色）
裡布（印花圖案⊗）　各2片

12.5

壓線

26　　2

外口袋
表布（布塊）
鋪棉
襯布（素色）
裡布（印花圖案⊗）　各1片

4　鈕釦縫合位置

10

壓線

26　　2

側身
表布（印花圖案☉）
鋪棉
襯布（素色）
裡布（印花圖案⊗）　各1片

3.5

48.5

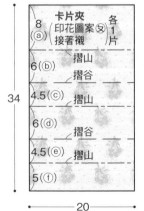

卡片夾
印花圖案⊗
接著襯　各1片

8 (a)
6 (b)　摺山
　　　　摺谷
4.5 (c)　摺山
6 (d)　摺谷
4.5 (e)　摺山
5 (f)

34

20

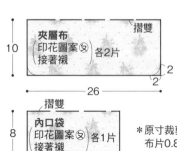

夾層布
印花圖案⊗
接著襯　各2片

摺雙

10

26　　2

摺雙

內口袋 ⊗
印花圖案⊗
接著襯　各1片

8

18

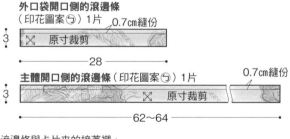

外口袋開口側的滾邊條
（印花圖案☉）1片　　0.7cm縫份

3

✕　原寸裁剪

28

主體開口側的滾邊條（印花圖案☉）1片　　0.7cm縫份

3

✕　　原寸裁剪

62～64

＊原寸裁剪滾邊條與卡片夾的接著襯，
　布片0.8cm、卡片夾1.5cm、鋪棉與襯布3cm，
　其餘的1cm縫份進行裁剪
＊主體開口側的滾邊條為幅寬3cm的斜紋布拼接縫合，
　準備62至64cm的長度

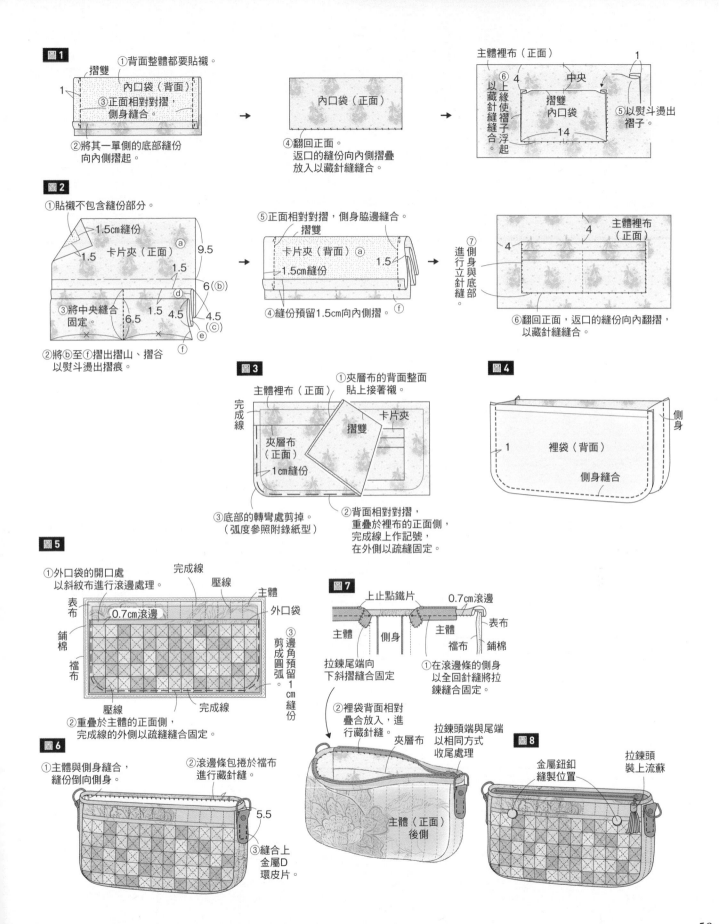

圖1
摺雙
1
①背面整體都要貼襯。
內口袋（背面）
③正面相對對摺，側身縫合。
②將其一單側的底部縫份向內側摺起。

內口袋（正面）
④翻回正面。返口的縫份向內側摺疊放入以藏針縫縫合。

主體裡布（正面）
1
⑥以上緣使褶子浮起
以藏針縫使褶子縫合
中央
摺雙 內口袋
⑤以熨斗燙出褶子。
4
14

圖2
①貼襯不包含縫份部分。
1.5cm縫份
1.5
卡片夾（正面）
9.5
a
1.5
6（b）
③將中央縫合固定
d
1.5 4.5
4.5（c）
6.5
e
f
×××
②將b至f摺出摺山、摺谷以熨斗燙出摺痕。

⑤正面相對對摺，側身脇邊縫合。
摺雙
卡片夾（背面）a
1.5cm縫份
1.5
④縫份預留1.5cm向內側摺。
f

⑦進行立針縫
側身與底部縫
主體裡布（正面）
4
4
⑥翻回正面，返口的縫份向內翻摺，以藏針縫縫合。

圖3
主體裡布（正面）
完成線
夾層布（正面）
1cm縫份
①夾層布的背面整面貼上接著襯。
摺雙
卡片夾
③底部的轉彎處剪掉。（弧度參照附錄紙型）
②背面相對對摺，重疊於裡布的正面側，完成線上作記號，在外側以疏縫固定。

圖4
側身
1
裡袋（背面）
側身縫合

圖5
①外口袋的開口處以斜紋布進行滾邊處理。
完成線
壓線
主體
表布
0.7cm滾邊
外口袋
鋪棉
襠布
③邊角預留1cm縫份。剪成圓弧。
壓線
完成線
②重疊於主體的正面側，完成線的外側以疏縫縫合固定。

圖6
①主體與側身縫合，縫份倒向側身。
②滾邊條包捲於襠布進行藏針縫。
5.5
③縫合上金屬D環皮片。

圖7
上止點鐵片
0.7cm滾邊
主體
側身
主體
襠布
鋪棉
拉鍊尾端向下斜摺縫合固定
①在滾邊條的側身以全回針縫將拉鍊縫合固定。
②裡袋背面相對疊合放入，進行藏針縫。
夾層布
拉鍊頭端與尾端以相同方式收尾處理
主體（正面）後側

圖8
金屬鈕釦縫製位置
拉鍊頭裝上流蘇

18
嬰兒拼布

●完成尺寸　91.5×91.5cm
●原寸紙型・圖案B面

材料

麻布（薄）　駝色…110cm寬　110cm
（布片ⓐ・ⓑ・ⓒ、飾邊A・B、滾邊條）

棉布

米色…110cm寬　40cm
（花籃圖案的空白處）
印花圖案共13種…各適量
（花籃的表布圖案）
雙層紗布　印花布…95×95cm（裡布）
25號繡線　綠色…1束

ⓐ
16片
（駝色）

ⓑ
16片（駝色）

ⓒ
4片（駝色）

花籃的
表布圖案
25片

＊預留布片0.8cm，
　飾邊1cm的縫份進行裁剪
　裡布準備95×95cm
＊滾邊條以駝色麻布，
　幅寬2.5cm的斜紋布準備370cm

作法

1. 請參照原寸紙型與製圖，裁剪各部件。
2. 花籃的表布圖案，參照P.46共製作25片。布片ⓐ・ⓑ・ⓒ的縫份以熨斗向內側摺燙。
3. 參照圖1，布片ⓐ・ⓑ與花籃的表布圖案以捲針縫縫合固定，製作9列的布塊。
4. 將9列布塊其中的第1列至第4列（布塊ⓣ）、第6列至第9列（布塊ⓨ）以捲針拼接縫合，拼接成2個布塊。接著在第5列布塊的上下拼接縫合布塊ⓣ與布塊ⓨ。最後在此布塊的上下拼接上布片ⓒ，以捲針縫縫合固定。將花籃表布圖案的內襯取出，完成中央表布圖案的布塊（圖2）。
5. 在步驟4的中央表布圖案的左右縫合上飾邊A，上下縫合上飾邊B以捲針縫縫合固定後即完成表布。
6. 表布的布片與花籃的表布圖案，沿著縫線邊緣進行平針繡點綴（綠色・2股）。
7. 在表布畫上壓線（參照製圖與紙型），與裡布2層疊合進行疏縫，並壓線。
8. 裡布配合表布的尺寸，將四周圍多餘的縫份剪掉。以駝色的麻布裁剪2.5cm的斜紋布條，拼接縫合成370cm長度備用。在0.5cm內側畫出縫線。
9. 將步驟8的斜紋布條，以正面相對疊合放置於主體的四周，參照圖3的①至⑥縫合固定。並且參照P.40將斜紋布條的頭端與尾端縫合處理。滾邊條翻回正面將縫份向內側捲摺。角摺向邊框（圖3）。裡布進行藏針縫後（圖4）即完成作品。

尺寸圖

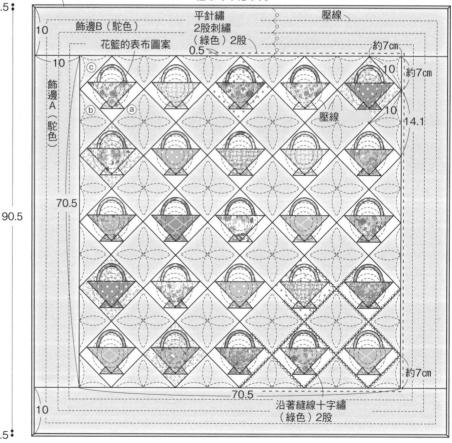

滾邊條（駝色）　　　主體　表布（布塊）
　　　　　　　　　　　　裡布（印花布）　各1片

0.5

飾邊B（駝色）　　　平針繡　　　壓線
　　　　　　　　　2股刺繡
10　　花籃的表布圖案　（綠色）2股

0.5

飾邊A（駝色）

10　　　　　　　　　　　　　　約7cm
10　　　　　　　　　　　　10　約7cm
　　　　　　　　　　　　　壓線
ⓒ　　　　　　　　　　　　10
ⓑ　ⓐ　　　　　　　　　　14.1

70.5

70.5

約7cm

10　　沿著縫線十字繡
　　　（綠色）2股

0.5

90.5

90.5

0.5　　　　　　　　0.5

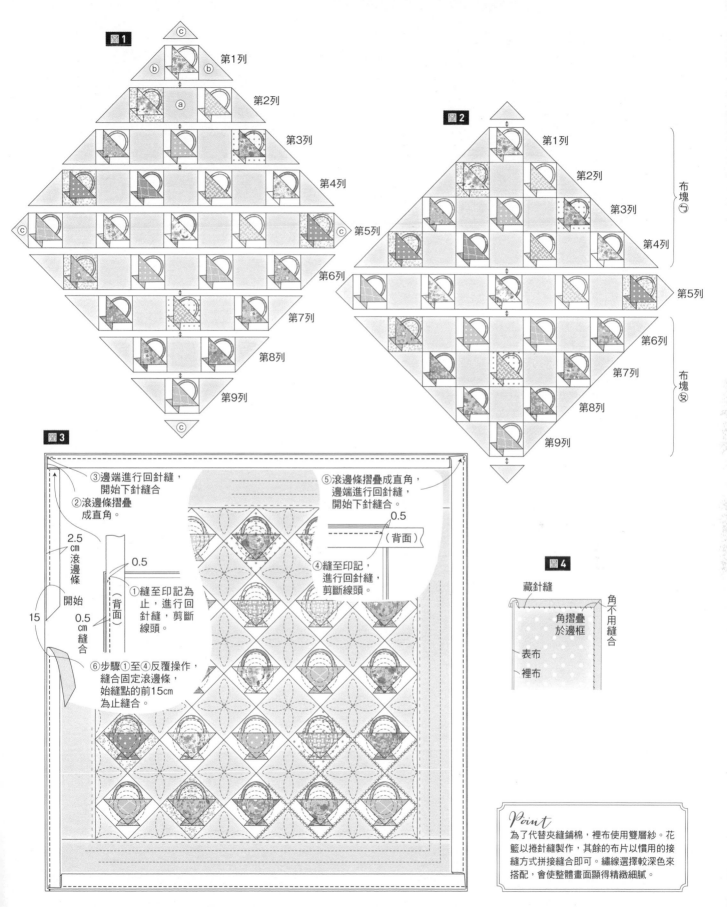

圖1

第1列
第2列
第3列
第4列
第5列
第6列
第7列
第8列
第9列

ⓐ ⓑ ⓒ

圖2

第1列
第2列
第3列
第4列
第5列
第6列
第7列
第8列
第9列

布塊㋐

布塊㋑

圖3

③邊端進行回針縫，
開始下針縫合
②滾邊條摺疊
成直角。

2.5
cm
滾邊條
開始

15

0.5

（背面）

0.5
cm
縫合

①縫至印記為
止，進行回
針縫，剪斷
線頭。

⑥步驟①至④反覆操作，
縫合固定滾邊條，
始縫點的前15cm
為止縫合。

⑤滾邊條摺疊成直角，
邊端進行回針縫，
開始下針縫合。

0.5

（背面）

④縫至印記，
進行回針縫，
剪斷線頭。

圖4

藏針縫

角摺疊
於邊框

表布

裡布

角
不
用
縫
合

Point
為了代替夾縫鋪棉，裡布使用雙層紗。花
籃以捲針縫製作，其餘的布片以慣用的接
縫方式拼接縫合即可。繡線選擇較深色來
搭配，會使整體畫面顯得精緻細膩。

19
十字繡

●完成尺寸　98×98cm
●原寸紙型・刺繡圖案B面

材料

棉布

　白色…110cm寬　150cm（布片ⓐ・ⓑ、
　飾邊）、100×100cm（裡布）
印花圖案12種…各適量（布片ⓐ）
25號繡線　藍綠色…4束

作法

1　布片ⓐ的內襯以月曆紙厚度的紙張，製作
　200片（參照P.45）。布片ⓐ預留0.8cm
　縫份，印花圖案12種共製作100片（12種
　圖案分配多寡依照喜好），白色裁剪100
　片。

2　布片ⓐ放入內襯，並進行疏縫。以捲針縫
　縫合固定，風車的表布圖案製作25片（圖
　1、參照P.43）。

3　布片ⓑ不放入內襯，縫份以熨斗向內摺燙
　（圖2）。

4　步驟**2**的風車表布圖案與步驟**3**的布片
　ⓑ，以捲針縫拼接縫合，製作中央的布塊
　（參照製圖）。拆除布片ⓐ的內襯，縫線
　上以十字繡刺繡點綴（圖3）。

5　裁剪4片飾邊，進行刺繡（參照附錄圖
　案）。角落的部分，飾邊拼接縫合完成後
　進行刺繡（參照製圖）。

6　將4片飾邊拼接縫合完成邊框，角落進行
　刺繡。內側的縫份預留1cm，以熨斗向內
　側摺燙。

7　步驟**6**的飾邊與步驟**4**中央布塊，以捲針
　縫進行縫合後即完成表布。

8　裁剪裡布（參照製圖），與步驟**7**的表布
　正面相對疊合，預留返口，其餘四周以平
　針縫（或車縫）縫合。

9　將步驟**8**翻回正面，返口處以藏針縫縫
　合。表布側畫壓線（參照附錄紙型）。與
　裡布重疊進行疏縫，並壓線。拆除疏縫
　線，以熨斗燙整後即完成作品。

62

尺寸圖

主體　表布（布塊）
　　　裡布（白色）　各1片

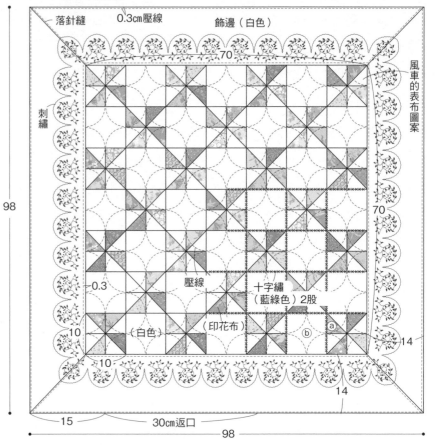

＊預留布片0.8cm，飾邊1cm的縫份進行裁剪
　裡布準備100×100cm。

圖2

摺縫份

ⓑ（背面）

圖1

（白色）

ⓐ　ⓐ
（印花圖案）

①以捲針縫拼接縫合，製作4片。

接縫　接縫

②將步驟①的布塊2片縱向接縫。製作2片。

接縫

③將步驟②的布塊橫向接縫。完成風車表布圖案。製作25片。

圖3

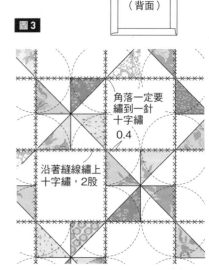

角落一定要繡到一針十字繡
0.4

沿著縫線繡上十字繡，2股

23
大容量實用包

P.32

●完成尺寸　長26.7cm　開口寬72cm
　　　　　　底48×24cm
●醉漢之路的圖案原寸紙型・壓線圖案B面。

材料

麻布
駝色…110×55cm
（布片ｆ・滾邊條・底部表布）
淡駝色…65×30cm（布片ａ）
印花圖案…70×48cm（布片ｄ・ｅ）

棉布
印花圖案6種…各25×30cm
（布片ｂ・ｃ）
印花圖案…108×60cm（裡布）
素色…108×100cm（襠布・底板布）
鋪棉…125×70cm
接著襯…100×90cm
25號繡線　灰色…1束
底板…48×24cm
蠟繩　黑色…粗細0.5cm　150cm
手把　駝色…寬5cm　長32cm　1組

Point
以捲針縫製作之時，使用紙型B面「17-③
醉漢之路」的圖案紙型，以組合布塊之製作
方式時，使用B面「23醉漢之路」的圖案紙
型。裡袋與底板，配合壓線之後的主體尺寸
製作。

作法

1　請參照原寸紙型與製圖，裁剪各部件。
2　醉漢之路的表布圖案，請參照P.45，以捲針縫縫製。
3　製作主體。醉漢之路與布片ⓒ・ⓓ・ⓔ拼接縫合，成為主體中央的布塊。上下布片與ⓕ接合，完成表布（參照製圖）
4　以平針繡與十字繡刺繡於表布上（灰色2股・參照製圖）。
5　於表布上畫出壓線線條（參照製圖）。襠布、鋪棉、表布3層疊合放置進行疏縫，並壓線。配合表布將鋪棉與襠布多餘的縫份剪掉，相同布塊另外再製作一片。
6　製作底部。於表布畫出壓線線條，3層疊合放置進行疏縫，並壓線。配合表布將鋪棉與襠布多餘的縫份剪掉，於襠布側貼上接著襯。
7　主體2片表布正面相對疊合，先將側身縫合。縫份燙開，以捲針縫作收邊處理（參照P.39）縫合底部。此時將蠟繩插入預留孔位置，並且留1cm。翻回表面將蠟繩沿著底部縫線以藏針縫縫合（參照P.40）。
8　製作底板（參照P.41），於底部的襠布側以藏針縫固定。
9　主體的開口側，以3cm寬的滾邊條進行滾邊處理（參照P.40）。縫合手把。
10　以裡布製作裡袋，開口側的縫份1cm向內側摺。以背面相對疊合放入主體，於滾邊條的邊緣進行藏針縫（參照P.41）後即完成作品。

尺寸圖

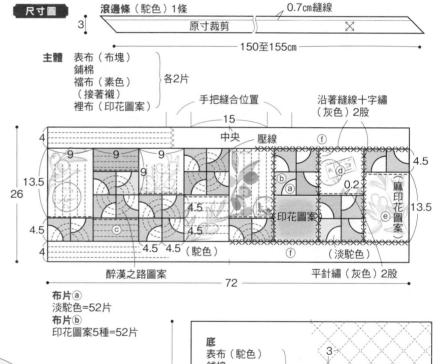

滾邊條（駝色）1條　　0.7cm縫線
3　原寸裁剪　　　150至155cm

主體　表布（布塊）
　　　鋪棉
　　　襠布（素色）　各2片
　　　（接著襯）
　　　裡布（印花圖案）

手把縫合位置　沿著縫線十字繡（灰色）2股

15
中央　壓線　ｆ
4
9　9　9
13.5　　9
26　　　　　　ｂ　ａ　4.5
4.5　4.5　　印花圖案　0.2　麻印花圖案ｅ
ⓒ　　4.5　　ｆ　　13.5
4　4.5　4.5（駝色）　　（淡駝色）
醉漢之路圖案　　平針繡（灰色）2股
72

布片ａ
淡駝色=52片
布片ｂ
印花圖案5種=52片

底
表布（駝色）
鋪棉
襠布（素色）
接著襯　　各1片
裡布（印花圖案）
底板布（素色）
底板
3
3
斜紋格子壓線
24

48

＊原寸裁剪滾邊條、底板。預留布片0.8cm、襠布・鋪棉・底板布2cm，其餘1cm的縫份進行裁剪
＊主體開口側的滾邊條，以3cm的斜紋布拼接，準備長度150至155cm

完成圖

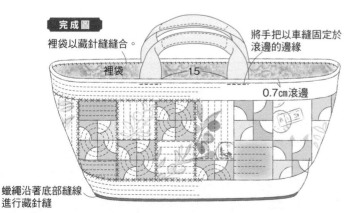

裡袋以藏針縫縫合。
裡袋　15
將手把以車縫固定於滾邊的邊緣
0.7cm滾邊
蠟繩沿著底部縫線進行藏針縫

14 帽子

P.21

●完成尺寸
　頭圍…56至60cm
●帽頂、帽側身、帽緣的原寸紙型A面

材料

麻布　黑色…110cm寬　55cm（表布）
棉布　直紋布
　…110cm寬　30cm（裡布）
接著襯…100×75cm

作法

1　製作帽身（圖1）。
2　表布帽身接上帽緣（圖2）。
3　調節飾邊帶（圖3）。
4　於裡布帽側身縫合上調節飾邊帶後，接縫裡布帽緣（圖4）。
5　表布帽緣與裡布帽緣縫合（圖5）。

Point
表布、裡布帽頂、帽側身、帽緣的背面以熨斗燙上接著襯。縫份皆縫合完成後，裁剪修齊0.7cm。

裁片配置圖

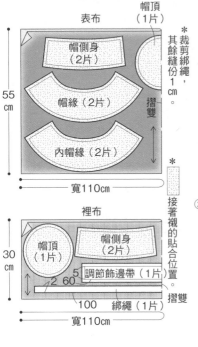

＊裁剪綁繩，其餘縫份1cm。

＊接著襯的貼合位置。

圖1

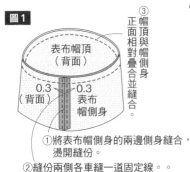

①將表布帽側身的兩邊側身縫合，燙開縫份。
②縫份兩側各車縫一道固定線。
＊裡布也相同方式製作。

圖2

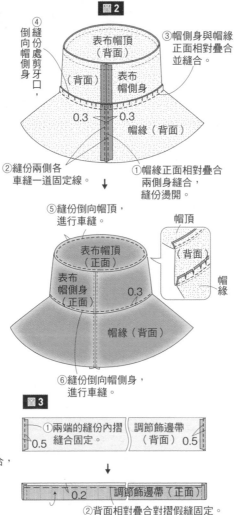

④縫份處剪牙口，倒向帽側身。
③帽側身與帽緣正面相對疊合並縫合。
②縫份兩側各車縫一道固定線。
①帽緣正面相對疊合兩側身縫合，縫份燙開。
⑤縫份倒向帽頂，進行車縫。
⑥縫份倒向帽側身，進行車縫。

圖3

①兩端的縫份內摺縫合固定。　調節飾邊帶（背面）
②背面相對疊合對摺假縫固定。

圖4

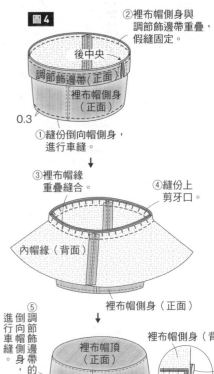

②裡布帽側身與調節飾邊帶重疊，假縫固定。
①縫份倒向帽側身，進行車縫。
③裡布帽緣重疊縫合。
④縫份上剪牙口。
⑤倒向調節飾邊帶的縫份，倒向帽側身，進行車縫。

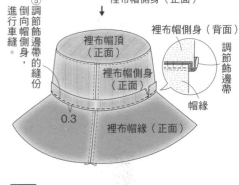

圖5

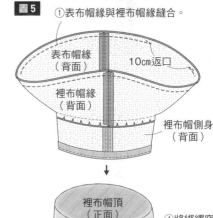

①表布帽緣與裡布帽緣縫合。

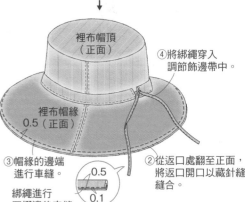

④將綁繩穿入調節飾邊帶中。
②從返口處翻至正面，將返口開口以藏針縫縫合。
③帽緣的邊端進行車縫。
綁繩進行四摺邊後車縫。

15
玫瑰花包

P.21

●完成尺寸
　長24cm　寬17cm

材料

麻布
刺繡印花…25×55cm（主體表布）
駝色…40×50cm（手把・玫瑰花捲・葉子）

棉布　印花圖案…20×55cm（裡布）
25號繡線　駝色…適量

工具
玫瑰花捲的板型（參照P.80）

作法

1　參照製圖進行各部件的裁剪。
2　主體表布正面相對對摺，並且將側身縫合，縫份燙開，完成袋身，成為表袋。裡布預留返口與表袋相同作法（圖1），完成後成為裡袋。
3　手把製作2條（圖2）。步驟**2**的表袋翻回正面，於開口側將手把以假縫固定（圖3）。
4　步驟**3**的表袋上，將裡袋正面相對疊合套上，開口側縫合一圈（圖4）。從返口處翻至正面，將返口以藏針縫縫合。表袋之中放入裡袋，整理袋身形狀。開口側車縫壓線（圖7）。
5　葉子依照紙型裁剪，2片背面相對疊合，以平針繡進行刺繡（圖5）。使用玫瑰花捲的板型，製作3朵玫瑰（圖6）。表袋的開口側將4片葉子、玫瑰花捲3朵縫合固定（圖7），即完成作品。

葉子的原寸紙型

＊駝色的麻布，
原寸裁剪

平針繡
（駝色）
2股

小 左右對稱各2片

大 左右對稱各2片

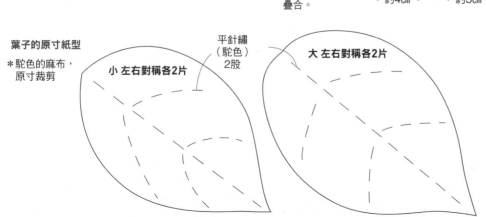

尺寸圖

手把縫合位置

手把
（駝色）

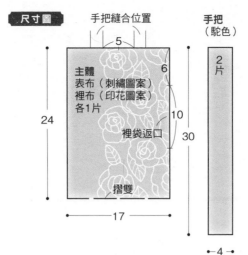

主體
表布（刺繡圖案）
裡布（印花圖案）
各1片

裡袋返口

摺雙

24

17

5

6

10

30

2片

←4→

＊預留1cm縫份進行裁剪

圖1

裡袋（背面）

摺雙

1cm縫份

7

10返口

圖2

2

進行四摺邊後，車縫兩側。

圖3

完成線的外側，
將手把假縫固定。

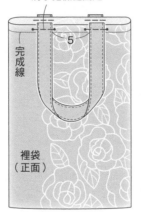

完成線

裡袋
（正面）

5

圖4

表袋（背面）

1cm縫份

裡袋（背面）

返口

圖5

葉子

②平針繡。

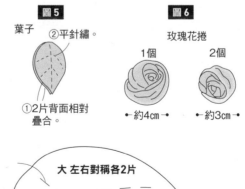

①2片背面相對疊合。

圖6

玫瑰花捲

1個

2個

←約4cm→

←約3cm→

圖7

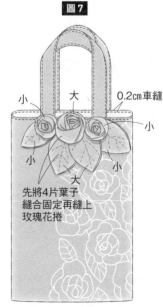

小

大

0.2cm車縫

小

小

大

小

先將4片葉子
縫合固定再縫上
玫瑰花捲

24
眼鏡袋

P.33

●完成尺寸
　　長約15cm　寬約8cm
●原寸紙型B面

材料

棉布
　印花圖案㋑…8×11cm（花籃的背景處）
　印花圖案㋔…6×8cm（布片ⓑ）
　印花圖案㋒…8×8cm（花籃的圖案）
　米色…28×20cm（襠布）
棉麻布　黑色…17×19cm
　（布片ⓐ・ⓔ・ⓕ、主體後片表布）
麻布　印花圖案㋒…28×17cm
　（布片ⓒ・ⓓ・ⓖ、裡布）
鋪棉…28×20cm
鍊條　銀色…0.6cm寬　125cm
25號繡線　黑色…適量
金屬鈕釦…直徑1.5cm　2個
串珠…直徑0.3cm　48顆
　　　直徑0.4cm　33顆

作法

1　各部件與內襯，請參照原寸紙型與製圖進行裁剪。

2　參照P.46，製作花籃的表布圖案。參照圖1製作主體的前片。

3　於主體前片表布畫出完成線與壓線線條（參照製圖）。襠布、鋪棉、表布3層疊合進行疏縫，並壓線。沿著布片的車縫線以千鳥縫刺繡點綴（黑色25號繡線2股・圖2）。

4　主體前片的周圍，預留0.8cm縫份修剪整齊。

5　主體後片表布也畫出完成線與壓線線條（參照製圖）。3層疊合進行疏縫，並壓線。周圍預留0.8cm的縫份修剪整齊。

6　於主體前片的正面底部，先將鍊條假縫固定，在與主體後片正面相對疊合，從開口止縫點開始向下以車縫縫合（圖3）。翻回正面。

7　將裡布2片對齊縫合，完成裡袋（圖4）。與主體表布正面相對疊合，開口側縫合一圈（圖5）。從返口翻回正面，返口處以藏針縫縫合。

8　主體之中放入裡袋，從裡袋側開始，於開口側的四周連同表布的縫份一起入針，進行星止縫。將步驟6假縫的鍊條，沿著主體側身的縫線縫合固定。花籃的圖案四周縫上串珠（直徑0.3cm），開口側弧度的縫線邊緣上串珠（直徑0.4）圖6，側身的開口止縫點位置縫上金屬鈕釦，即完成作品。

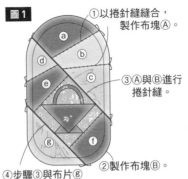

圖1
①以捲針縫縫合，製作布塊Ⓐ。
ⓐ ⓑ ⓒ ⓓ ⓔ ⓕ ⓖ
③Ⓐ與Ⓑ進行捲針縫。
②製作布塊Ⓑ。
④步驟③與布片ⓖ捲針縫。

圖2
襠布
表布
鋪棉
①畫出完成線。
③沿著縫線千鳥縫（黑色）2股。
②壓線。

圖3
後本體
襠布
鋪棉
開口止點
車縫
前本體（背面）
襠布
鍊條邊端

圖4
開口止點
0.8cm縫份
2
預留返口6cm開口
裡袋（背面）

圖5
縫合開口側
主體（背面）
0.8
裡袋（背面）
縫合

尺寸圖

主體前片
表布（布塊）
鋪棉
襠布（米色）
}各1片
（黑色）
3.8
開口止縫點
ⓐ ⓑ ⓒ ⓓ ⓔ ⓕ ⓖ
圖案㋔
圖案㋒
圖案㋒
圖案㋑
0.3cm壓線
8.2

主體前片
表布（布塊）
鋪棉
襠布（米色）
}各1片
裡布（印花圖案㋒）2片
3.8
開口止點
壓線
14.8
1'
0.5=×
8.2

＊預留花籃的各部件0.5cm、布片ⓐ至ⓖ・主體後片的表布・裡布0.8cm、鋪棉・襠布2cm的縫份進行裁剪。
＊花籃的手把使用1.2×8cm的斜紋布製作。

圖6
縫上0.4cm串珠
星止縫
側身止縫點位置縫上金屬鈕釦
側身將鍊條縫合固定
花籃的圖案四周縫上串珠（0.3cm）

串珠的縫合方法

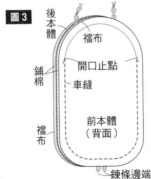
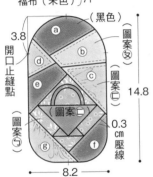
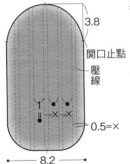

25
手機袋

P.33

●完成尺寸
　長10.5cm　寬16.5cm　側身底寬3cm
●原寸紙型B面

材料

棉布
印花圖案5種…各適量（布片ⓑ）
印花圖案ⓒ…28×33cm
　（布片ⓐ・主體後片側身）
印花圖案ⓓ…30×40cm
　（裡布・內口袋・側身・包釦布大、小・
　掛耳・滾邊條）
素色…22×29cm（襯布）
鋪棉…22×29cm
接著襯…18×9cm
25號繡線　駝色…適量（縫磁釦用）
皮革線　駝色…0.5cm　寬30cm（手把用）
包釦的蕊…直徑1.5cm　4組（大）
　　　　　直徑1.2cm　2組（小）
磁釦（手縫型）
古銅色…1組
含龍蝦釦織帶…1條

作法

1　請參照原寸紙型與製圖，裁剪各部件（主體開口的弧度先不剪）。

2　製作變形六角形的表布圖案（參照P.44）。先拼接縫合成為前片的表布。再與後片（印花圖案ⓒ）拼接縫合成為完整的主體表布。

3　將原寸紙型放於步驟2上，畫出開口側弧度的完成線，疊合於鋪棉、襯布3層疊合進行疏縫，並壓線。預留1cm縫份後裁剪掉多餘部分，完成主體。

4　將內口袋以藏針縫縫合於裡布上（參照製圖）。與步驟3的主體背面相對疊合後，疏縫固定。

5　滾邊條的縫線與主體的完成線對齊，正面相對疊合，沿著縫線以車縫（或半回針縫）縫合一圈。對齊滾邊條的邊端，將主體與裡布多餘的縫份剪掉。將滾邊條的縫份向內包捲，以藏針縫縫合於裡布。

6　製作側身（圖1），將其放置於裡布側，除了開口側之外，其餘三邊進行藏針縫（圖4）。

7　製作掛耳（圖2）、包釦（圖3）。將皮革線縫合固定於主體表布的縫合位置上（長15cm），成為手把。上面放置大包釦，並且在四周下針挑布縫合固定於手把上（圖4）。

8　主體的裡布側縫上掛耳，上面放置小包釦縫合固定。磁釦以釦眼繡縫合固定（圖4）翻回正面，裝上織帶，即完成作品。

尺寸圖

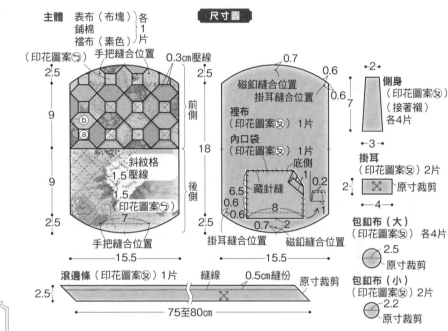

主體　表布（布塊）各1片　鋪棉　襯布（素色）1片
（印花圖案ⓒ）手把縫合位置　0.3cm壓線

2.5　9　9　2.5
前側　後側
18
15.5

斜紋格壓線
1.5
1.5
印花圖案ⓒ
7
手把縫合位置

0.7
0.6　0.6
磁釦縫合位置
掛耳縫合位置
裡布（印花圖案ⓓ）1片
內口袋（印花圖案ⓓ）1片
底側
藏針縫
6.5　0.6　0.6　8　1　0.2
0.7　2
掛耳縫合位置　磁釦縫合位置
15.5

側身（印花圖案ⓓ）（接著襯）各4片
2　7　3
掛耳（印花圖案ⓓ）2片
2　原寸裁剪　4
包釦布（大）（印花圖案ⓓ）各4片
2.5　原寸裁剪
包釦布（小）（印花圖案ⓓ）2片
2.2　原寸裁剪

滾邊條（印花圖案ⓓ）1片　縫線　0.5cm縫份　原寸裁剪
2.5
75至80cm

＊將滾邊條、掛耳、包釦原寸裁剪，預留布片0.8cm、側身0.7cm、內口袋的開口側2cm、其餘的1cm縫份進行裁剪，但是請將鋪棉、襯布22×29cm先粗裁即可
＊滾邊條以幅寬2.5c的斜紋布拼接，請準備長75至80cm

布片ⓐ　印花圖案ⓒ＝12片
布片ⓑ　印花圖案5種＝31片

釦眼繡

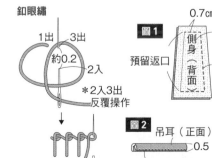

1出　3出
約0.2
2入
＊2入3出反覆操作

圖1
0.7cm縫份
①背面貼上接著襯。
側身（背面）
預留返口
②2片正面相對疊合。
③翻回正面返口進行藏針縫。
（正面）

圖2
吊耳（正面）
0.5
四摺邊後進行藏針縫

圖3
0.5cm縫份
①縫份的中央進行平針縫。
②中央放入襯。
③拉緊縫線，打止縫結。

圖4
手把縫合固定
磁釦以釦眼繡縫合
0.5cm滾邊
手把放上大包釦，四周以藏針縫縫合。
藏針縫
0.5
滾邊條的角，摺疊於邊框
側身進行藏針縫
側身
滾邊條的角
裡布（正面）
掛耳對摺縫合
隱藏掛耳的縫合線，將小包釦放上，於四周進行藏針縫。

26 花形托盤

● 完成尺寸
　直徑約17cm
● 原寸紙型P.70。

材料

1公升牛奶盒…2個（底板紙）

棉布

印花圖案㋑…40×20cm

　（底部表布・底部裡布・花瓣裡布）

印花圖案㋐・㋒…各30×10cm（花瓣表布）

鋪棉…30×20cm

鍊條　銀色…1cm　寬60cm

其他…膠水

P.34

Point

牛奶盒的硬度恰到好處，又兼具彈性，作為底板紙使用是非常恰當的素材。將內面清洗乾淨，切開攤平展開來，乾燥以後再使用。

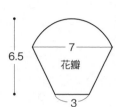

花瓣

底板紙（牛奶盒）	12片
鋪棉	6片
表布（印花圖案㋐・㋒）	各3片
裡布（印花圖案㋑）	6片

底部

底板紙（牛奶盒）	2片
鋪棉	1片
表布・裡布（印花圖案㋑）	各1片

尺寸圖

＊底板紙與鋪棉原寸裁剪，其餘預留縫份1.5cm進行裁剪。

---

1 製作底板紙

1 切開攤平乾燥之後，在牛奶盒的內側，放上花瓣與底部的紙型（P.70）畫出輪廓，另一個的牛奶盒也畫出圖案。

順著輪廓裁剪

2 順著輪廓裁剪。準備底部2片、花瓣12片，作成底板紙。

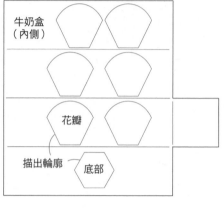

牛奶盒（內側）

花瓣

描出輪廓　底部

---

2 裁剪各部件

花瓣6片　底部1片

順著紙型裁剪

1 將鋪棉的底部1片、花瓣6片順著紙型裁剪。

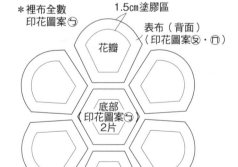

＊裡布全數印花圖案㋑

1.5cm塗膠區

表布（背面）（印花圖案㋐・㋒）

花瓣

底部〈印花圖案㋑〉2片

2 以印花圖案㋑剪底部2片、花瓣裡布6片，花瓣表布以印花圖案㋐・㋒各剪3片，紙型預留1.5cm塗膠區進行裁剪。

---

3 花瓣・底部製作

底板紙（內側）→ 塗上膠水 → 貼鋪棉 → 底部

1 於底部1片與花瓣6片的底板紙白色側，塗上足夠的膠水，貼上鋪棉。

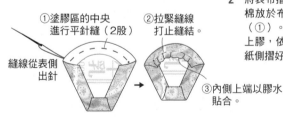

①塗膠區的中央進行平針縫（2股）

②拉緊縫線打止縫結。

縫線從表側出針

③內側上端以膠水貼合。

3 上側的塗膠區進行平針縫（①），將平針縫的縫線拉緊，縫份倒向底板紙，打止縫結（②）。內側塗上膠水將底板紙固定（③）。全部製作6片。

①表布的背面放上底板紙

（背面）

底板紙

②將塗膠區倒向底板紙側，並貼合。

4 底部表布的背面，放上貼有鋪棉的底板紙①。將塗膠區的部分一邊一邊的倒向底板紙，並貼合②。

① 表布背面貼上底板紙。

② 塗上膠水將側邊貼入。

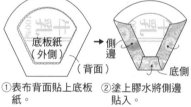

底板紙（外側）（背面）→ 側邊　底側

2 將表布摺入於花瓣表布的背面，將鋪棉放於布側，再放上步驟**1**的底板紙（①）。表布的側身與側側的塗膠區上膠，依照側身、底側的順序於底板紙側摺好並貼合。

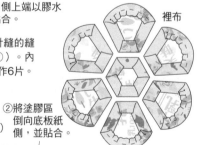

裡布

5 花瓣裡布、底部裡布不放鋪棉，與**2**至**4**的表布作法相同。

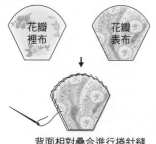

背面相對疊合進行捲針縫

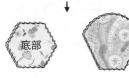

底部

6 花瓣表布與裡布背面相對疊合，四周以捲針縫進行捲縫（聚酯纖維車縫線單線，參照P.43）。底部表布與底部裡布以相同作法製作。

４ 完成

1 排列各部件，花瓣的表布圖案②・⑦請依照個人喜好決定配置。裡布側向上，底部與花瓣的底側面對面，裡布與裡布挑針進行捲針縫（參照P.43）縫合在一起。

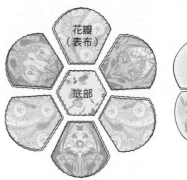

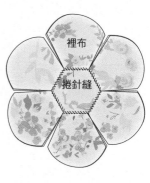

捲針縫

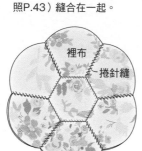

裡布

捲針縫

2 接著將鄰邊花瓣側身的裡布挑針縫合，以捲針縫銜接縫合。完成主體。

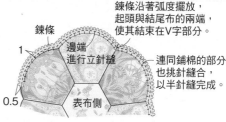

鍊條沿著弧度擺放，起頭與結尾布的兩端，使其結束在V字部分。

鍊條

邊端進行立針縫

1

0.5

表布側

連同鋪棉的部分也挑針縫合，以半針縫完成。

3 自花瓣的邊緣0.5cm內側開始，放上鍊條進行藏針縫，以半回針縫縫合固定後即完成作品。

27
發票夾

P.34

●完成尺寸　長7cm　寬18cm

材料

1公升牛奶盒（洗淨裁開，充分乾燥）
…1個（底板紙）

棉布
　直條紋圖案…20×30cm（表布）
　印花圖案…20×30cm（裡布）
厚接著襯…18×28cm
布用雙面接著襯…適量
25號繡線　茶色…適量（綁繩・捲針縫用）
鈕釦…直徑1.1cm　4個

作法

1 利用牛奶盒的摺痕位置，作為摺山、摺谷之用，請參照製圖裁剪底板紙。也裁剪各部件。

2 裡布的背面貼上厚接著襯，先將縫份向內側摺。

3 底板紙的四周以布用接著襯貼合，以表布包捲塗膠區貼合。將步驟**2**的裡布內側，背面相對疊合，四周以捲針縫（參照P.43）縫合（圖1）。

4 摺疊出摺山、摺谷位置呈蛇腹四褶狀，將製圖的「●」位置重疊，進行捲針縫（圖2）。

5 以25號繡線（6股）長度50cm裁剪12條。主體的正面側四個角以繡線縫上鈕釦，並且製作綁繩（圖3、參照P.70圖3）。綁繩於側身脇邊打蝴蝶結即完成作品。

本體
底板紙（牛奶盒）
表布（直條紋圖案）
裡布（印花圖案）
（厚接著襯）
各1片

尺寸圖

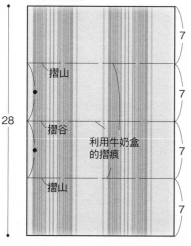

摺山

摺谷

利用牛奶盒的摺痕

摺山

28

7

7

7

7

18

圖1

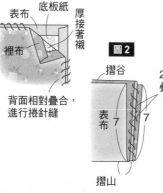

表布
底板紙
厚接著襯
裡布

背面相對疊合，進行捲針縫

圖2

摺谷

2片正面相對疊合，捲針縫（茶色）2股

表布

7　7

摺山

＊底板紙與厚接著襯原寸裁剪
其餘預留1cm縫份進行裁剪

圖3

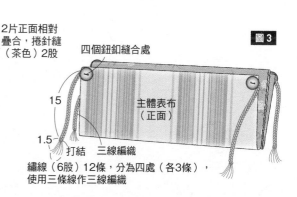

四個鈕釦縫合處

主體表布（正面）

15

1.5

打結　三線編織

繡線（6股）12條，分為四處（各3條），使用三條線作三線編織

28
名片夾

P.34

●完成尺寸　長7cm　寬11cm

材料

1公升牛奶盒（洗淨裁開，充分乾燥）
　…1個（底板紙）

棉布
　直條紋圖案…26×16cm（表布）
　印花圖案…26×16cm（裡布）
厚接著襯…22×14cm
布用雙面接著襯…適量
25號繡線　紅色…適量（綁繩・捲針縫用）
鈕釦…直徑1.8cm　1個

作法

1　參照原寸紙型（下圖），以牛奶盒裁剪底
　板紙，並裁剪各部件。

2　將主體・內口袋・外口袋的裡布背面貼上
　厚接著襯。

3　參照圖1製作主體。內・外口袋也與主體
　相同，以表布與裡布包住底板紙，進行捲
　針縫縫合（參照P.43）。

4　在主體裡布側放上內口袋，三邊以十字繡
　刺繡點綴縫合（圖2）。

5　在主體表布側放上外口袋，三邊以捲針縫
　縫合。25號繡線6股長100cm剪成3條後，
　其中一條縫鈕釦，剩餘的2股合起來作成
　綁繩（圖3）後即完成作品。

主體
底板紙（牛奶盒）
表布（直條紋圖案）
裡布（印花圖案）
（厚接著襯）
各1片

摺山

利用牛奶盒的摺線處

7
7
11
1
1

內口袋
底板紙（牛奶盒）
表布（直條紋圖案）
裡布（印花圖案）
（厚接著襯）
各1片

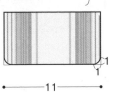

11
1
1

外口袋
底板紙（牛奶盒）
表布（直條紋圖案）
裡布（印花圖案）
（厚接著襯）
各1片

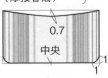

0.7
中央
6
11
1
1

＊底板紙與厚布襯原寸裁剪，
　其餘的預留0.7cm縫份進行裁剪。

尺寸圖

圖1

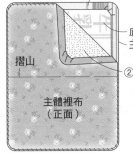

①底板紙的周圍將縫份向內側摺，
　以布用雙面膠貼黏。

底板紙
主體表布

②裡布的內側
　貼上厚接著
　襯，縫份向
　內側摺。

摺山

主體裡布
（正面）

③表布與裡布背面相對疊合，
　周圍以捲針縫縫合固定。

圖2

主體裡布
（正面）

內口袋
表布（正面）

紅色（2股）

裡布側放上內口袋，
3邊刺十字繡繡法

圖3

①將紅色繡線6股的兩端穿
　過鈕釦孔（長100cm）。

②針腳拉長
　（預留鬆份）
　縫合鈕釦。

③下針挑布一針
　從線的側身穿出。

布（正面）

鈕釦背面

④針腳處掛上
　長100cm的繡線
　（6股）2條。

⑤打一個結後
　以三線編織法
　編織。

**P.68使用花形托盤的
花瓣、底部原寸紙型**

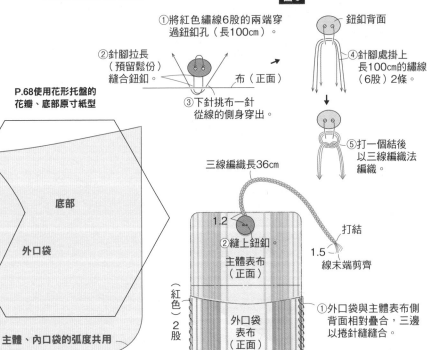

花瓣

中央摺雙線

底部

外口袋

主體、內口袋的弧度共用

名片夾外口袋原寸紙型

三線編織長36cm

1.2

②縫上鈕釦。

主體表布
（正面）

外口袋
表布
（正面）

（紅色）2股

打結

1.5

線末端剪齊

①外口袋與主體表布側
　背面相對疊合，三邊
　以捲針縫縫合。

衣服製作前的準備工作

工具介紹

●**紙型用紙**
（洋裁用白報紙等，有點透明可以看見下層畫線的用紙）
●**定規尺**（推薦方眼定規尺）
●**自動鉛筆或鉛筆**
●**記號筆**
●**剪刀**（裁縫用剪刀、切線剪刀、剪紙用剪刀請分開使用）
●**捲尺**
●**縫紉機**
（珠針、手縫針、疏縫線、錐子等與製作小物的工具相同，請參照P.36）
其他有螢光筆、手藝用兩面複寫紙、滾輪點線器、熨斗、熨斗台等。
其餘P.14、P.15的連身裙使用隱形拉鍊，需要使用隱形拉鍊壓布腳及鉗子。

材料介紹

●材料的記載省略了縫線，縫線全部使用聚酯纖維縫線60號（請選擇與布料相近的顏色）。車針使用11號。
●布料的使用量，於標示裁片配置圖布料的幅寬說明。布料幅寬若是改變使用量也會改變，請確認清楚。

尺寸的決定方法

本書揭載的服裝，是以女用寬鬆版的設計，請參照附錄原寸紙型的尺寸表後，於原型尺寸與完成尺寸中找出適合自己的尺寸。

紙型的製作方法

先決定好自己想製作的作品尺寸，身片與貼邊、袖子等必要的部件，請於裁片配置圖中確認，並找出附錄的原寸紙型，以別的紙張描繪出來。將必需用到的線條以螢光筆（會消失的最為方便）描繪出來，以便複寫時較容易看清楚。直線裁的部件，有些沒有刊載原寸紙型，請確認好尺寸後，直接在布上畫尺寸線。紙型未含縫份。在裁片配置圖中確認好縫份幅寬，於複寫紙型時加上縫份，或是剪布時加上縫份裁剪，請務必正確的加上縫份尺寸裁剪。

布料的裁法

裁布前，將所有的紙型放置於布面上，檢查必要的部件有無湊齊、布料是否足夠。為了使紙型與布料不會移動錯開，紙型上放鎮石・重物或以珠針固定裁剪。左右對稱的部件一片一片裁剪時，務必將其中一片紙型翻面使用。

隱形拉鍊的車縫方法　在無袖連身裙（P.14）與七分袖連身裙上，車縫隱形拉鍊。

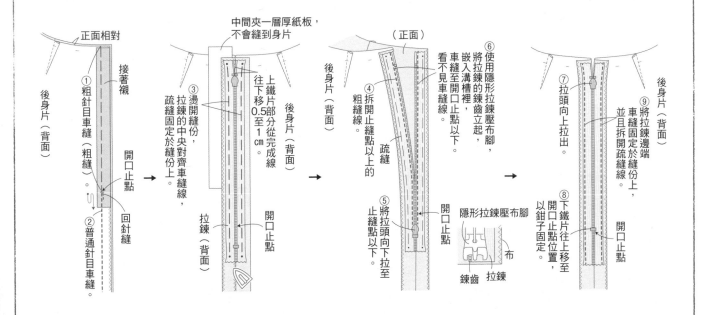

7
無袖連身裙

P.14

●完成尺寸
　7號…胸圍93cm　衣長104.2cm
　9號…胸圍97cm　衣長104.5cm
　11號…胸圍101cm　衣長104.8cm
●7・9・11號原寸紙型B面。

材料

麻布　黑色…110cm寬　240cm（表布）
接著襯…90×60cm
隱形拉鍊…56cm　1條
鈕釦…1組

準備工作

1　各貼邊背面貼上接著襯。
2　於後中央上拉鍊位置的縫份處，貼合剪成2cm幅寬的接著襯。
3　肩、側身脇邊、後中央、下襬、各貼邊的外圍車縫布邊（或拷克）。

Point
為了可以車縫出漂亮的曲線，領圍、袖襱的縫份注意不要留太多。請準確的裁剪成指定的幅寬。

縫法順序

1　車縫褶子。後領口褶子的縫份倒向後中央側，前片胸摺向上側傾倒。
2　分別將前身片與前側身片、後身片與後側身片縫合。縫份2片一起拷克作收邊處理後，倒向中央側。
3　後中央縫合並且上拉鍊（參照P.71）。
4　肩線縫合，縫份燙開。
5　領口縫合（圖1）。
6　側身脇邊縫合，縫份燙開。
7　袖襱縫合。首先前後片袖襱貼邊的肩線與側身脇邊縫合。接著與領口相同要領的方式接於身片，並進行壓線。
8　下襬縫份向上摺並進行藏針縫。
9　拉鍊的上端縫上鈕釦後即完成作品。

裁片配置圖

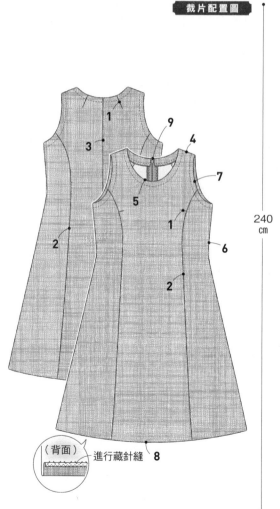

（背面）進行藏針縫 8

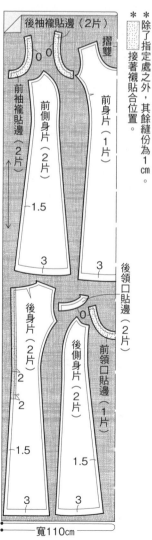

後袖襱貼邊（2片）
摺雙
前袖襱貼邊（2片）
前側身片（2片）
前身片（1片）
1.5
3　　3
後身片（2片）
後側身片（2片）
2
2
1.5
3　　3

後領口貼邊（2片）
前領口貼邊（1片）

240cm
寬110cm

＊＊除了指定處之外，其餘縫份為1cm。
接著襯貼合位置。

圖1

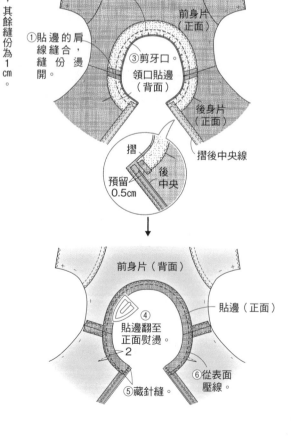

①貼邊的肩線縫合，縫份燙開。
②正面相對縫合。
前身片（正面）
③剪牙口。
領口貼邊（背面）
後身片（正面）
摺後中央線
摺
預留0.5cm
後中央

前身片（背面）
④貼邊翻至正面熨燙。
2
貼邊（正面）
⑤藏針縫
⑥從表面壓線。

8
七分袖連身裙

P.15

●完成尺寸
　7號…胸圍93cm　衣長104.2cm　袖長41cm
　9號…胸圍97cm　衣長104.5cm　袖長41.5cm
　11號…胸圍101cm 衣長104.8cm 袖長42cm
●7・9・11號原寸紙型B面。

Point
薄布料與輕素材布料使用時，下襬的縫份幅
寬加寬，使其持有重量，將會營造出漂亮的
輪廓線條。

材料

麻布　印花圖案…100cm　寬280cm（表布）
接著襯…90×60cm
隱形拉鍊…56cm　1條
鈕釦…1組

準備工作

1　接著襯與P.72無袖連身裙相同作法貼合。
　　袖口貼邊也以相同作法貼合。
2　肩、側身脇邊、後中央、袖口、下襬、各
　　貼邊的外圍車縫布邊（或拷克）
●除了衣袖之外縫製方法與P.72的連身裙相
　同。

縫法順序

1　車縫褶子。後領口褶子的縫份倒向後中央
　　側，胸褶向上側傾倒。
2　分別將前身片與前側身片、後身片與後側
　　身片縫合。縫份2片一起拷克作收邊處理
　　後，倒向中央側。
3　後中央縫合並且上拉鍊（參照P.71）。
4　肩線縫合，縫份燙開。
5　領口縫合（參照P.72。步驟6進行藏針
　　縫）
6　側身脇邊縫合，縫份燙開。
7　製作衣袖（圖1）。
8　於身片接上衣袖（圖2）
9　下襬縫份向上摺並進行藏針縫。
10　拉鍊的上端縫上鈎釦後即完成作品。

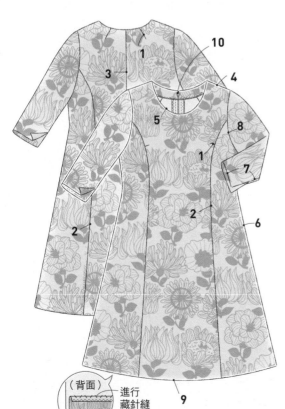

裁片配置圖

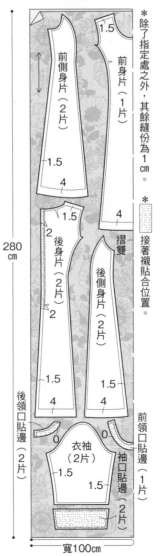

＊除了指定處之外，其餘縫份為1cm。

＊　　接著襯貼合位置。

前側身片（2片）
1.5
4
前身片（1片）
1.5
4

摺雙
接著襯貼合位置

後身片（2片）
2
後側身片（2片）
2
1.5
4
1.5
4

後領口貼邊（2片）
0
衣袖（2片）
1.5
0
前領口貼邊（1片）
袖口貼邊（2片）
1.5

280cm

寬100cm

圖1

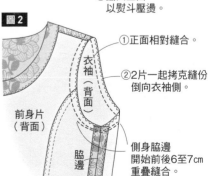

衣袖（正面）

開口止點
袖口貼邊（背面）

①正面相對疊合，
　縫合至開口止點。

衣袖（背面）

②衣袖下部分
　正面相對縫合。
　避開貼邊

開口止點

③燙開縫份。

⑤藏針縫

④翻回正面
　以熨斗壓燙。

衣袖（背面）袖口貼邊（正面）

圖2

①正面相對縫合。

衣袖（背面）

②2片一起拷克縫份
　倒向衣袖側。

前身片（背面）

脇邊

側身脇邊
開始前後6至7cm
重疊縫合。

（背面）
進行藏針縫

9 連肩袖罩衫

p.16

●完成尺寸

　7至9號…胸圍119cm　衣長54cm
　總袖長　41cm
　11至13號…胸圍123cm　衣長53cm
　總袖長42cm

●7至13號尺寸原寸紙型A面。

材料

麻布　印花圖案…110cm寬　160cm（表布）

準備工作

先將前身片、後身片連同肩線、側身脇邊的縫份拷克準備。

縫法順序

1　肩線縫合。前身片與後身片的肩線正面相對疊合車縫，縫份燙開。

2　領口以斜紋布反縫（圖1）。

3　側身脇邊縫合。前身片與後身片的側身脇邊正面相對疊合，從止縫點開始向下縫合，縫份燙開。

4　袖口的收尾處理。

5　下襬的收尾處理。下襬縫份以熨斗三摺邊燙好後，進行壓縫後即完成作品。

圖1

斜紋布（背面）　摺0.5cm
摺0.5cm

領口用斜紋布的兩端，以熨斗將0.5cm縫份向內摺燙。

↓

後身片（正面）

1

0.5
斜紋布
（背面）

前身片（正面）

將斜紋布的其中一側摺山打開，於身片領口處正面相對疊合車縫。斜紋布的車縫開端與結束，參照圖示的作法，摺1cm重疊1cm，其餘剪掉。

↓

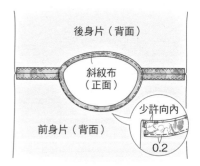

後身片（背面）

斜紋布
（正面）

前身片（背面）

少許向內

0.2

斜紋布翻向身片裡面，斜紋布少許向內拉，以熨斗整燙，斜紋布的邊端進行壓縫。

裁片配置圖

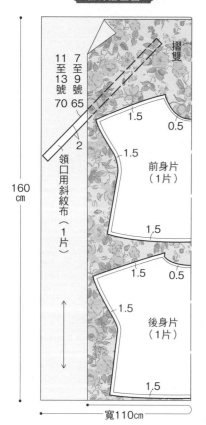

11
至
13
號
70

7
至
9
號
65

2

領口用斜紋布（1片）

摺雙

1.5　0.5

1.5

前身片
（1片）

1.5

1.5　0.5

1.5

後身片
（1片）

1.5

160
cm

寬110cm

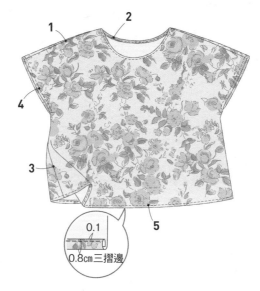

1　2

4

3

5

0.1
0.8cm三摺邊

圖2

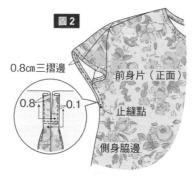

0.8cm三摺邊

0.8　0.1

前身片（正面）

止縫點

側身脇邊

袖口縫份以熨斗三摺邊燙好，前後袖口接連著進行壓縫。

10
波浪袖罩衫

P.17

●完成尺寸
　7至9號…胸圍119cm　衣長54cm
　　　　　　　總袖長 63.7cm
　11至13號…胸圍123cm　衣長53cm
　　　　　　　總袖長 64.7cm
●7至13號尺寸原寸紙型A面。

材料

麻布　印花圖案…110cm寬　210cm（表布）

準備工作

先將肩線、側身脇邊、衣袖下襬、袖山的縫份
車好布邊或拷克準備。
●衣袖以外的縫製方法與P.74連肩袖的罩衫
相同。

Point
選擇布料時，實際在鏡子前擺放試穿花色，
確認是否映襯自己的膚色。

縫法順序

1　肩線縫合。前身片與後身片的肩線正面相
　對疊合車縫，縫份燙開。
2　領口以斜紋布反縫（參照P.74圖1）。
3　袖口的收尾處理。袖口的縫份以熨斗三摺
　邊燙好後，進行壓縫。
4　於身片上縫合衣袖（圖1）。
5　側身脇邊縫合後，縫合衣袖的脇邊（圖
　2）。
6　下襬的收尾處理。下襬縫份以熨斗三摺邊
　燙好後，進行壓縫後即完成作品。

裁片配置圖

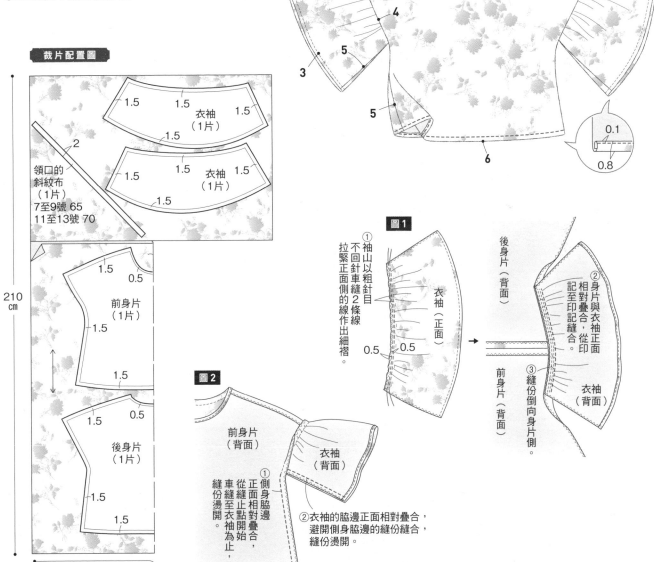

210cm

寬110cm

衣袖（1片）　1.5　1.5　1.5　1.5
衣袖（1片）　1.5　1.5　1.5

領口的斜紋布（1片）
7至9號 65
11至13號 70
2

前身片（1片）　1.5　0.5　1.5　1.5
後身片（1片）　1.5　0.5　1.5　1.5

0.1
0.8

圖1
①袖山以粗針目不回針車縫2條線拉緊正面側的線作出細褶。
0.5　0.5
衣袖（正面）

後身片（背面）
②身片與衣袖正面相對疊合記至印記縫合從印
前身片（背面）
③縫份倒向身片側。
衣袖（背面）

圖2
前身片（背面）
衣袖（背面）
①側身脇邊正面相對疊合，從縫止點開始車縫至衣袖為止，縫份燙開。
②衣袖的脇邊正面相對疊合，避開側身脇邊的縫份縫合，縫份燙開。

11
寬鬆手作服

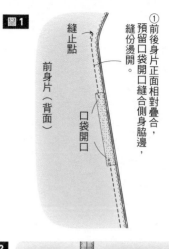

p.18

●完成尺寸
7至9號…
胸圍119cm　衣長101cm　總袖長41cm
11至13號…胸圍123cm　衣長100cm
總袖長42cm
●7至13號尺寸原寸紙型A面。

材料

麻布　印花圖案…110cm寬　260cm（表布）
接著襯…1.5cm寬　40cm

準備工作

1　前身片的口袋開口縫份上，以有貼到車縫線的狀態貼上接著襯。
2　先將前身片、後身片連同肩線、側身脇邊的縫份、口袋布的脇邊車縫布邊或拷克準備。
●口袋以外其餘與P.74的連肩袖罩衫相同。

縫法順序

1　肩線縫合。前身片與後身片的肩線正面相對疊合車縫，縫份燙開。
2　領口以斜紋布反縫（參照P.74圖1）。
3　預留口袋開口縫合側身脇邊（圖1）。
4　製作口袋（圖2）。
5　袖口的收尾處理（參照P.74圖2）。
6　下襬的收尾處理。下襬縫份以熨斗三摺邊燙好後，進行壓縫後即完成作品。

裁片配置圖

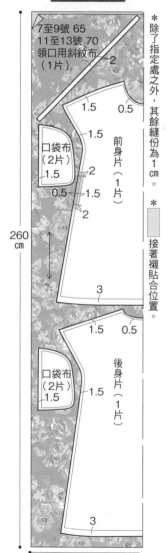

7至9號 65
11至13號 70
領口用斜紋布
（1片）

口袋布
（2片）
1.5

前身片
（1片）

2
1.5
0.5
1.5
2
0.5　1.5
2
3

＊除了指定處之外，其餘縫份為1cm。
＊接著襯貼合位置。

260
cm

口袋布
（2片）
1.5

後身片
（1片）

1.5
0.5
1.5

3

寬110cm

圖1

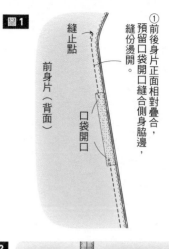

縫止點
①前後身片正面相對疊合，預留口袋開口縫合側身脇邊，縫份燙開。

前身片（背面）
口袋開口

圖2

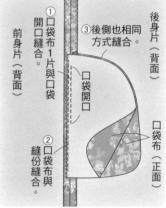

①口袋布1片與口袋開口縫合。
前身片（背面）
口袋開口

③後側也相同方式縫合
後身片（背面）
口袋開口

②口袋布邊與縫份縫合。
口袋布（正面）

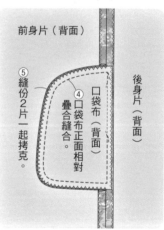

前身片（背面）
⑤縫份2片一起拷克。
口袋布（背面）
④口袋布正面相對疊合縫合。
後身片（背面）

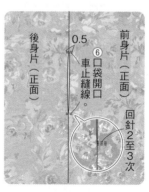

後身片（正面）
0.5
口袋開口
車止縫線。
⑥
前身片（正面）
回針2至3次

1
2
5
4
3
6

0.1
1
2

12
烹飪專用裝

P.19

●完成尺寸
　7至9號・胸圍119cm　衣長101cm
　總袖長77.3cm
　11至13號・胸圍123cm　衣長100cm
　總袖長78.3cm
●7至13號尺寸原寸紙型A面。

材料

麻布　印花圖案…146cm寬　300cm（表布）
接著襯…50×110cm
鬆緊帶　0.7cm寬　適量
鈕釦　直徑1.5cm　5個
●110cm幅寬的布料與表布的面料尺寸相同。

準備工作

1　於後端的縫份、口袋的背面以熨斗熨燙貼接著襯。
2　先將前身片、後身片連同肩線、側身脇邊、袖口的下端、袖山的縫份車縫布邊或拷克準備。

縫法順序

1　將口袋縫合於前身片（圖1）。
2　肩線縫合，縫份燙開。
3　領口至後端的處理（圖2）。
4　將衣袖縫合於身片（參照P.75圖1）。
5　縫合側身脇邊（參照P.75圖2）。
6　袖口預留鬆緊帶穿口後袖下方縫合（圖3）。

7　袖口以三摺邊壓縫後穿鬆緊帶。鬆緊帶的2端重疊3cm縫合固定。
8　下襬縫份以熨斗三摺邊燙好後，進行壓縫。
9　使用縫紉機的開釦眼功能，在指定的位置上開釦眼與縫鈕釦。

裁片配置圖

300cm

＊除了指定處之外，其餘縫份為1cm。

口袋（2片）
0.5
3.5
2
摺雙
1.5　0.5

領口用斜紋布（1片）
7至9號　65
11至13號　70

前身片（1片）

1.5
1.5
4

＊接著襯貼合位置。

0.5　1.5
後身片（2片）
5
1.5
4

衣袖（2片）
1.5
1.5　1.5
3

寬146cm

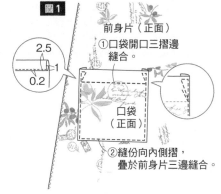

圖1

2.5
1
0.2

前身片（正面）
①口袋開口三摺邊縫合。

口袋（正面）

②縫份向內側摺，疊於前身片三邊縫合。

圖2

斜紋布（背面）
前身片（正面）
③領口與斜紋布重疊縫合。

斜紋布（正面）
前身片（背面）

⑤將斜紋布、後端的縫份向身片的背面翻，縫份向內側摺，並車縫邊端

後身片（正面）
後身片（背面）

①以後端向正面側摺
②邊端的縫份摺1cm
④縫下襬

1
3

摺1cm

圖3

①衣袖的下方正面相對疊合，預留鬆緊帶穿口後縫合。

衣袖（背面）
鬆緊帶穿口
2
1

②燙開縫份。

衣袖（背面）

衣袖（正面）

下方圖示標註：
9
3
2
4
6
5
7
0.1
2　1
1
0.1
1
3
8

77

13
緊身裙

P.20

●完成尺寸
　9號…臀圍101cm
　裙長70cm
　11號…臀圍105cm　裙長70cm
●9・11號尺寸原寸紙型A面。

材料

麻布　印花圖案…100cm寬　170cm（表布）
合成面料　駝色…110cm寬　150cm（裡布）
鬆緊帶 3cm　幅寬…適量

準備工作

前片、後片、脇邊、下襬、脇邊口袋、袋布脇
邊縫份車縫布邊或拷克準備。
●腰圍的鬆緊帶試圍以後決定長度。

縫法順序

1　於前片製作口袋（圖1）。
2　縫合脇邊，前片與後片的脇邊正面相對疊
　合車縫，縫份燙開。
3　前・後裡布縫合，與表布縫合（圖2）。
4　車縫腰帶（圖3）。
5　處理下襬。表布的下襬縫份向內摺，進行
　藏針縫。
6　腰帶裡面穿入鬆緊帶（圖4）後即完成作
　品。

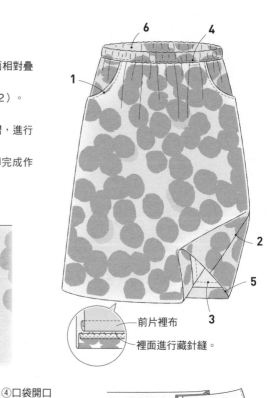

前片裡布
裡面進行藏針縫。

図1

②縫份
剪牙口
①與口袋開口正面相對縫合。
前片（正面）
袋布（背面）

④口袋開口壓線。
0.5　0.2cm
前片（背面）
③袋布翻回裙身的
裡面。
袋布（正面）

⑤將袋布與脇邊口袋布正面相對疊合車縫。
脇邊口袋布（背面）
前片（背面）
袋布（背面）
⑥兩片一起拷克。

後片裡布（正面）
図2
②兩片縫份一起拷克，縫份倒向後側。
①前後裡布的正面相對疊合，縫合脇邊。
前片裡布（背面）
③下襬三摺邊進行壓縫。
0.1　1　1.5

④背面相對疊合，縫份疏縫固定。
後片裡布（正面）
前片（正面）

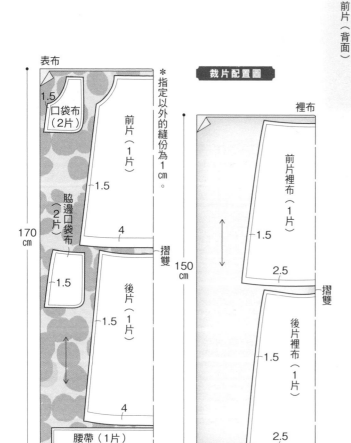

表布
1.5
口袋布（2片）
前片（1片）
1.5
脇邊口袋布（2片）
1.5
4
＊指定以外的縫份為1cm。
摺雙
後片（1片）
1.5
4
170cm
腰帶（1片）
寬100cm

裁片配置圖

裡布
前片裡布（1片）
1.5
2.5
摺雙
後片裡布（1片）
1.5
2.5
150cm
寬110cm

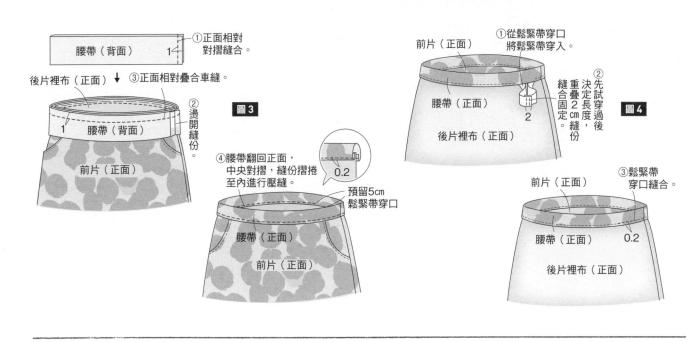

圖3

腰帶（背面）1
①正面相對對摺縫合。

後片裡布（正面）↓ ③正面相對疊合車縫。

1 腰帶（背面）
②燙開縫份。

前片（正面）

④腰帶翻回正面，中央對摺，縫份摺捲至內進行壓縫。
0.2
預留5cm鬆緊帶穿口

腰帶（正面）
前片（正面）

圖4

前片（正面）
①從鬆緊帶穿口將鬆緊帶穿入。

腰帶（正面）

後片裡布（正面）

②先試穿過後決定長度，重疊2cm縫份縫合固定。
2

③鬆緊帶穿口縫合。

前片（正面）

腰帶（正面）0.2

後片裡布（正面）

---

10 髮帶

P.17

裁片配置圖

● 完成尺寸　寬…7cm　長…90cm
● 原寸紙型A面

材料

麻布…20×100cm（表布）
鐵絲線…#18　190cm

作法

1　正面相對對摺，預留返口將四周車縫一圈（圖1）。
2　翻回正面穿入鐵絲線，返口處進行藏針縫（圖2）。

圖1

①正面相對對摺，於中央預留返口後車縫。　返口5cm

表布（背面）　摺

②鐵絲線的兩端重疊，以膠帶固定

圖2

表布（正面）　返口

①將表布翻回正面，鐵絲線穿入內側，讓它沿著外圍線。

③返口進行藏針縫。

表布（正面）

（裁片配置圖）
摺雙
＊縫份為1cm。
表布（1片）
100cm
20

---

16 胸花

P.21

尺寸圖

● 完成尺寸
　直徑…約11.5cm
● 原寸紙型A面

材料

麻布　50×20cm
穿珠…直徑0.6・0.4・0.3cm　各適量
別針…3cm寬　1個

作法

1　花瓣交錯重疊，將中央縫合（圖1）。
2　於中央縫上喜愛的穿珠（圖2）。
3　背面側縫上裡布後固定別針（圖3）。

花瓣B（2片）5.9
花瓣A（2片）7.1
花瓣D
裡布（1片）3.5
（2片）3.5
花瓣C（2片）4.7

＊全部原寸裁剪。

Point
使用裁剪服裝之後剩餘的部分製作。

圖1
（正面）
①從下層開始A至D的順序交錯重疊。
②畫直徑2cm的圓，穿針至下層，扭轉縫合。

圖2
中央縫上串珠

圖3
0.4
①裡布（正面）
背面側縫上
②縫上別針。

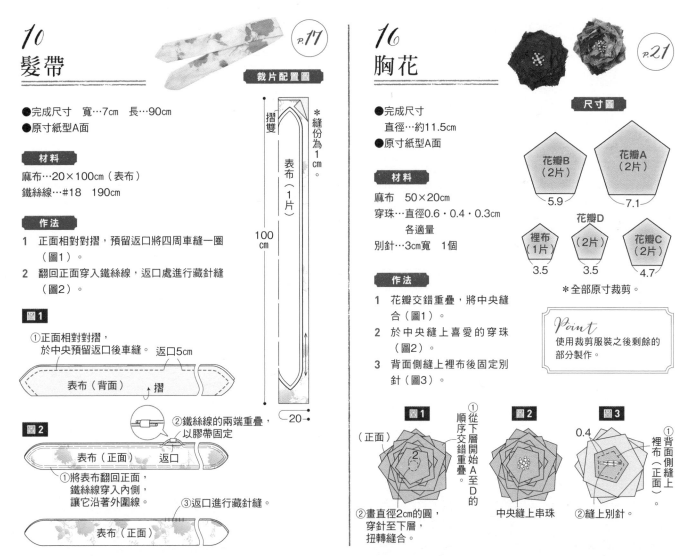

PATCHWORK 拼布美學34

因爲手作，開始美好！
こうの早苗的幸福日和
美麗職人的拼布・手作服・布小物Good ideas

作　　　　者／こうの早苗
譯　　　　者／駱美湘
發　行　　人／詹慶和
總　編　　輯／蔡麗玲
執　行　編　輯／黃璟安
編　　　　輯／蔡毓玲・劉蕙寧・陳姿伶・李宛真
執　行　美　編／韓欣恬
美　術　編　輯／陳麗娜・周盈汝
出　　　　版　者／雅書堂文化事業有限公司
發　　行　　者／雅書堂文化事業有限公司
郵政劃撥帳號／18225950
戶　　　　名／雅書堂文化事業有限公司
地　　　　址／新北市板橋區板新路206號3樓
網　　　　址／www.elegantbooks.com.tw
電　子　郵　件／elegant.books@msa.hinet.net
電　　　　話／(02)8952-4078
傳　　　　真／(02)8952-4084

2018年6月初版一刷　定價420元

KONO SANAE NO DAILY COORDINATE by Sanae Kono
Copyright © 2017 Sanae Kono, NHK Publishing, Inc.
All rights reserved.
Original Japanese edition published by NHK Publishing, Inc.

This Traditional Chinese edition is published by arrangement with NHK
Publishing, Inc., Tokyo in care of Tuttle-Mori Agency, Inc., Tokyo
through Keio Cultural Enterprise Co., Ltd., New Taipei City

經銷／易可數位行銷股份有限公司
地址／新北市新店區寶橋路235巷6弄3號5樓
電話／(02)8911-0825
傳真／(02)8911-0801

國家圖書館出版品預行編目資料

こうの早苗的幸福日和：因為手作，開始美好　美麗職人
的拼布・手作服・布小物Good ideas／こうの早苗著；駱美
湘譯.
-- 初版. -- 新北市：雅書堂文化, 2018.06
　面；　公分. -- (拼布美學；34)
ISBN 978-986-302-432-3(平裝)

1.拼布藝術 2.手提袋

426.7　　　　　　　　　　　　　　　　107007594

こうの早苗

出生、成長於日本福岡縣。經歷過平面設計師直到成為拼布作家。在福岡縣當地經營工作室兼教室＆商店。充分利用花朵圖案，設計出適合成熟女性的瀟灑小物和洋裝、雜貨等等，隨著這些作品廣泛的發表，更提出了將手作帶到日常裡的生活方式。著有《こうの早苗的拼布 輕熟女也適合的俏皮風包包＆小袋》（NHK出版）等多數書籍。

●原書製作團隊

書籍設計／蓮尾真沙子（tri）
攝影／森山雅智（封面、內文）
　　　本間伸彦（作法、去背）
設計／シダテルミ
化妝／梅沢優子
模特兒／こうの早苗、kazumi、kabuki（狗狗）
製作協助／大音富美枝、有隅篤美、松尾江利子、
　　　　　城戶久美子、合屋加代、菊地可奈子
作法說明／奧田千香美、小島惠子
紙型繪圖／ウエイド 手藝製作部
作法／tinyeggs studio（大森裕美子）
作法校正／山內寬子
編輯協力／增澤今日子
編輯／森田啓代、平野陽子（NHK出版）

●攝影協助

ベルニナジャパン
AWABEES
PROPS NOW
UTUWA

My Fabric Style